100%
PASSIONATELY
IN LOVE 熱戀指繪

余芷晴◎編著

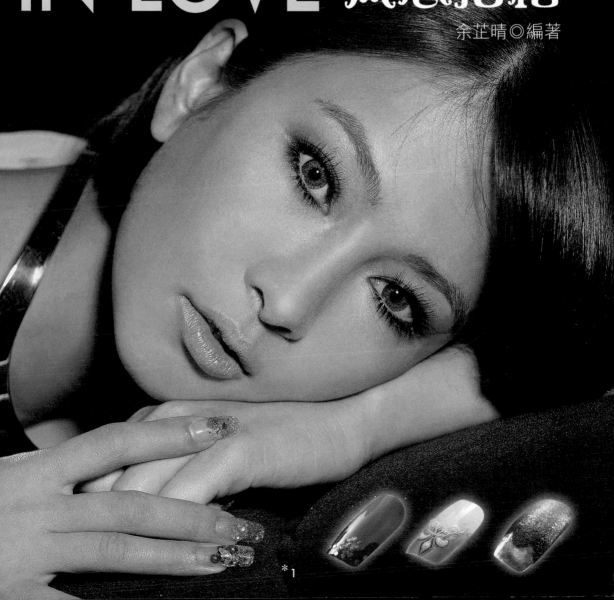

*1

本書緣自2007年7月在全省7-11推出的《NAIL GAME指甲玩遊戲》一書，該書深受好評及讀者們的喜愛！為感謝讀者的熱情迴響，特別全新改版，量身以精緻閱讀為創意概念，新增許多更具知識性的內容，並以新書名《100％熱戀指繪》全新設計改版，提供喜愛指甲彩繪的讀者更優質的閱讀享受以及更新的指繪知識。

編著者 序

100%熱戀指繪
100% PASSIONATELY IN LOVE

妳的熱愛是什麼呢?

常聽到:我熱愛運動、熱愛音樂、熱愛收藏、熱愛交友、熱愛大自然…!熱愛有很多種,有些熱愛,大到足以影響社會的產能結構,瓦解世界的藩籬,有些熱愛,是生命的再生能量,可以成為生活中面對大小挑戰的絕佳支柱,有些熱愛,就像是對某些未知信念的執著,深信會有成就一切的時候!也有些熱愛,侵蝕生命、毀壞家庭、解構原有一切…。或許,熱愛無分好壞,但正面的熱愛,猶如慎密精準投資帶來的豐厚獲利,讓人打從心裡感到由衷幸福安穩,無論在精神層面、現實的生活層面、團體組織社交生活的交誼層面等,都對生命有實質加分的正向影響,對社會各個面向,當然也有積極的揮發效益。

愛戀,也如熱愛般,種類繁複,隨著人的思緒情感而千變萬化!情人間難分難捨的高溫愛戀;友人、家人深植心中無法替代的那份依賴愛戀;無法克制購買精品、名牌的時尚愛戀;對美食完全無法抵擋的嘗鮮愛戀;夜晚沒有音樂無法成眠的醉心愛戀;沒有完美造型就不敢出門的自信愛戀…!因蘊愛戀而生的恨意,更將愛戀的深度與濃度,如同滾沸體內的血液般,隨著情緒燃點,燃燒出生命軌跡中難忘的火花。正面而持續的愛戀,能讓熱愛更具體,像是由內而外迸發而出的熾熱能量,可以化腐朽為神奇,點石成金。

目前正蓬勃成長的美指藝術,透過許多知名藝人的熱愛,不但吸引了許多消費者對指上創意有了更多的愛戀,亦逐漸開創出美指藝術產業,即將發光發熱的獨特光芒!此時此刻的你,心中渴望的熱愛愛戀是什麼?是否,已經決定將對美指的愛戀,驅動出更深切的熱愛?!

❀ 感謝:
特別感謝台大臨床教授暨英爵聯合診所吳院長英俊先生、中華民國皮膚科醫學會專科醫師暨綺顏診所皮膚科詹主治醫師育彰先生、美國O.P.I台灣總代理全體工作人員、東上鵬全體參與人員、玉鳳老師、泛豐企業股份有限公司、10 Beauty 十分之一美學創辦人李崴、凱瑞莎兒藝術指甲沙龍、璀璨美甲小舖、LOVE NAIL資深教育總監JOJO劉,以及國際知名品牌:BIO SCULPTURE GEL、CANI、CREATIVE、ESSIE、FPO、JESSICA、LCN、O.P.I.、ONS、ORLY…等,專業資訊提供、步驟示範、品牌圖文資訊及甲片設計製作。

目錄

❀ 指甲寶貝

＊3 編著者 序
100%熱戀指繪

＊8 幫你的指甲也穿上保護
的衣服

＊10 搶救十大指甲

＊18 指甲會呼吸嗎？

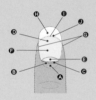

＊24 彩繪指甲會影響健康？

＊26 DIY小小診療室

❀ DIY指繪商品

＊28 原來DIY指繪商品這
麼多

＊36 你不可不知的健康美指
新概念

＊44 嚴選好的修剪工具，
讓你事半功倍，呵護加
倍！

＊48 錯誤卸甲，很傷指甲

＊50 專業沙龍指甲油與一般
指甲油差別在哪裡？

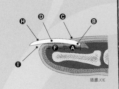

❀ 8大沙龍明星品牌

＊56 CREATIVE NAIL DESIGN

＊58 LCN

＊60 O.P.I

＊62 ESSIE

＊64 FPO

＊66 JESSICA

＊68 ORLY

＊70 ONS

＊73
❀ 成為DIY SPA達人的美麗祕

＊76
❀ 拋出晶透粉嫩的健康指色

＊77
❀ 完美指甲油，
升級你的百分百自信

＊80
❀ 百變酷炫，
從甲片開始吧！PART 1

＊83
❀ 百變酷炫，
從甲片開始吧！PART 2

DIY妝彩甲片
❀ **必學絕招妙用大公開** 　❀ **美指沙龍在玩什麼** 　❀ **凝膠指甲**

*86 PAINTING

*96 SHINE STONE

*108 SWEET WEDDING

*112 SPECAIAL

*116 DRY FLOWER

*120 INDIVIDUAL

*128 PRETTY FOOT

*140 美指沙龍在玩什麼

*142 專業沙龍標準SPA步驟
{春夏手部SPA}

*143 專業沙龍標準SPA步驟
{秋冬手部SPA}

*145 專業沙龍標準SPA步驟
{春夏腳部SPA}

*147 專業沙龍標準SPA步驟
{秋冬腳部SPA}

*150 什麼是光療指甲?

*150 凝膠指甲是新技術?

*152 做凝膠指甲會傷害指甲
健康嗎?

*153 UV燈會傷指甲,不能
用在真指甲上?

*154 光療指甲與水晶指甲的
差別

*156 捍衛健康,挑選國際知
名品牌仍是最佳抉擇

*157
❀ **考考你的美指設計師**

*163
❀ **為自己挑選適合的美指沙龍**

*167
❀ **粧彩指甲歷史**

◎本書所列產品價格隨市場會有所變動,僅供讀者參考之用。

指甲寶貝

指甲寶貝

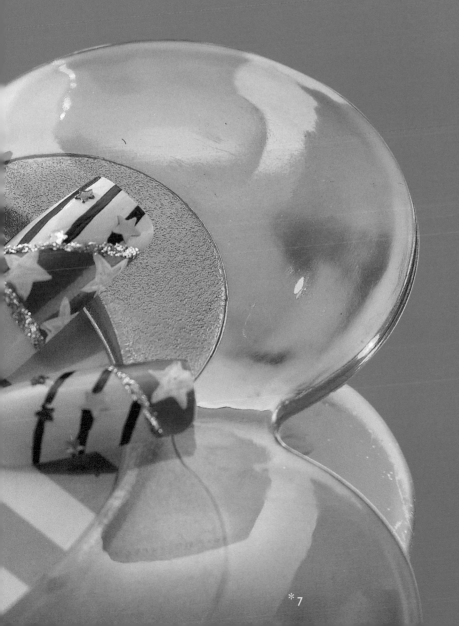

幫你的指甲也穿上 保護的衣服
PERFECT YOUR PERFECT NAIL.

指甲需要穿上衣服嗎？

　　個人的膚質都不大相同，有乾性、中性、油性，更細分還有T字部位，而與其他膚質不同的——指甲，也與你的肌膚一樣，有不同的甲質。有的人，指甲又軟又薄，有的人又乾又脆……，這些不同的甲質，都會影響指甲想要善盡保護你的天賦功能喔！了解自己的甲質，為自己選擇適合甲質的護甲商品，寶貝保護並增進指甲的健康，這樣的健康新概念，你不能不知道喔！指甲雖然只佔了人體極其細微的比例，卻扮演生活、工作、任何行動中極大的輔助角色，指甲由皮膚表層的甲基質所形成，通過甲半月後開始角質化，通常健康成人的指甲含水量為12％至16％，會隨著季節或環境、年齡而有不同。不但身體的健康狀況透過這小小指甲傳達健康訊息，更透過指內的膚色、紋路變化等預警健康的莫大祕密。

如何感謝並寶貝這小小大功臣？

　　幫可愛美麗又認真努力的它，穿上既可保護，又讓整體造型加到超完美滿分的衣服，當然是最佳方法喔！

圖片提供：O.P.I

搶救十大指甲
10 NECESSARIES

◉ 搶救指甲

　　小小指甲，佔人體極細微的比例，看來無關痛癢，但是生活中卻扮演著舉足輕重的角色，無論拿、捏、抓、挖……等看似平常的動作，若指甲有異常現象，可是會痛的無法工作或是走路變形的，就更別提享受美指帶來的造型樂趣！絕對必要搶救的十大指甲，分先天性與後天性，該如何讓有症狀的指甲得到健康完美的修護，搖身成為擁有纖長指感的美型指甲？一起來看看！

 咬甲

　　幼兒時期會不自覺的習慣去咬一些較硬的物品以刺激牙床周圍發育，屬於正常的過程；但若到了兒童時期以上，仍無法控制自己咬指甲的習慣，常常不自覺亂咬指甲，便形成咬甲症！習慣咬甲者的指甲，由於長期被唾液軟化，較易咬唷，所以益發形成惡性循環，讓咬甲的習慣不易戒除。有一種說法指稱咬甲症是一種心理上缺乏安全感的表現，其實這是以訛傳訛的普遍誤解。大多數的咬甲症事實上只是一種單純無意識的習慣性舉動，不過，這類習慣動作在心理上有各類壓力時，容易被強化表現，因此臨床上遇到較嚴重的咬甲狀況，有時還是會建議同時輔以心理上的輔導或治療，以根治無法克制的咬甲狀態。

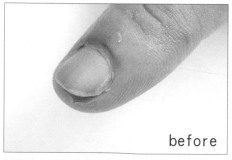 

before　　　　　　　　　　　　after

　　可使用水晶指甲來改善指甲的過短外形，強化指甲的硬度，也可改善咬甲的習慣。

SOS

尋求專業醫療的診斷,並輔以塗上成分品質較好的指甲油,在咬甲時造成咬甲上的干擾,達到協助克制的方法之一。如選擇製作水晶指甲或凝膠指甲的方法抑制,因水晶及凝膠指甲製作讓甲質變硬,也不易咬食,自然漸進可改善咬甲的習慣。在歐、美有些國家會針對小朋友設計不討喜的苦味、辛辣味的指甲油,進而改善小朋友的咬甲習慣。

許多人從小就有各種習慣,像有的人自小愛抱固定玩偶、毛巾、被子之類的,有些人很愛咬指甲,尤其在想事情或緊張的時候會咬的更厲害,十根手指頭都被咬得禿禿的!想要改善或是戒掉這個習慣,最重要的還是意志力囉!!如果沒有預算做水晶指甲,你可以試試找幾張美美的指甲照片或圖片放在自己常會看到的地方,每天催眠自己要變成那樣,再配合試試在手上塗自己不喜歡的味道,要強過指甲油和乳液的,讓自己把手伸到鼻子前就討厭!或是想咬甲時就嚼口香糖,讓嘴巴有事做,不過要小心嚼過頭變國字臉哦!

扇形甲

扇形指型的一部分的成因是基因遺傳,而另一部分則是在指甲生長過程中,使用剪刀或較尖銳的工具修剪指緣周圍,長期讓指甲周圍表皮被不當過度深層修除,讓原來賦予保護功能覆蓋在兩側的表皮,減弱了保護作用與完整性,指甲即形成「扇形甲」。

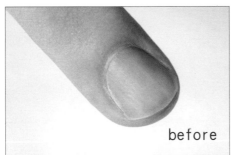
before

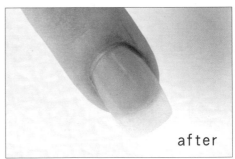
after

經由水晶指甲的修正後,指甲型變的修長展現出指型比例的自然美。

SOS

改變修剪表皮過於深層的處理方式,經由一段時間修剪方式改善調整後,表皮漸漸恢復,可再選擇使用塑型力較強的水晶指甲,加在真指甲上,形成硬度並做為形狀調整的修正,讓「扇形甲」輻射線導正,修正外擴的線條缺陷。

 扁平甲

扁平甲通常出現在缺乏鐵質及維生素的族群中，因末梢神經需要有較多血液循環位置，對於比較缺乏鐵質的人來說，微血管血液含量較不足，相對指床較扁平，導致以指甲生長是平的。指甲結構較軟，也較易生長形成扁形甲，另外工作比較需要用到手指末端指腹力量的人，指甲狀態就也易形成扁形甲，例如：美容、美髮、按摩的工作者，需要使用指腹及指尖幫客人按摩。指甲習慣修剪過短的人，也易形成「扁形甲」現象。

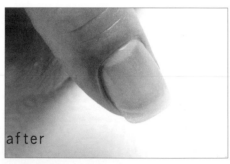

改善扁形甲，讓指甲展現圓滑飽滿，可用水晶指甲方式做C弧度，或拋物線形狀修正，讓指型更美。

SOS 多攝取植物性或動物性蛋白質及營養補給品是補救方法之一。鐵質維生素存在於瘦肉、乾蠶豆、乾豌豆深色蔬菜、乾果等食物中。動物性食物中的鐵比植物食物中的鐵較容易吸收。與富含維生素C的食物一起食用，可以加強鐵吸收。

雪橇甲

雪橇甲的外觀形成凹陷的弧形，就像是雪橇的形狀，「雪橇甲」僅是就外觀來描述，有時也稱為「湯匙甲」。形成原因是甲床短，此外，也有先天、家族性的症例。含鐵量低的飲食會影響到指甲的生長，攝取不足會使指甲變脆、易裂情形、顏色黯淡、指甲表面不平，造成指甲不美觀。長期缺鐵也會形成「雪橇甲」。

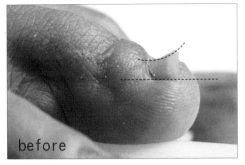

before

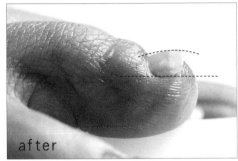

after

指甲也是觀察身體健康的一個窗口，有些疾病可從指甲的異狀早期發現。如果指甲會一層層剝離呈現千層的感覺，到最後會變成薄薄的一片，再來就裂開了，這樣的情況有可能是得到了灰指甲。灰指甲是指甲或趾甲受不同黴菌感染，如皮癬菌（dermatophytes）、酵母菌（yeast）、黴菌（mold）不同種類黴菌感染，黴菌會從指甲遠側或外側開始入侵而引起的指甲變色、變形、增厚、脫屑粗糙、易碎指甲分離等現象，其學名[甲癬]，是最常見的指甲病變，如有發現這樣的情況，應盡快尋求皮膚科醫師的治療，調整生活及飲食習慣喔！

經過水晶指甲修飾後的雪橇甲，展現出健康自然的美麗指型。

SOS　多攝取植物、動物性蛋白質及均衡的營養攝取，可漸漸讓甲床圓滑、飽滿，如果要美觀可用水晶指甲整形的方式，做平形角度改善形狀，修飾指型。

5 易碎甲

　　指甲的含水量為70％至120％，由體內、體外等不同方式補充，指甲在生長出指尖時其水分比降低至20％，尤其在氣候乾燥的季節會因為水分的流失而失去光澤，洗滌後蛋白質含量減少，指甲就會變的較白而柔軟，形成易碎指甲。通常這種情形，最易出現在必需長期過度使用清潔劑的工作者身上，但有時也會反應出有輕微貧血現象，血液含氧量低相對水分也減少，指甲易碎自然形成，如果仔細觀察，會發現有易碎指甲的狀態，通常身體肌膚也會比較乾燥些。

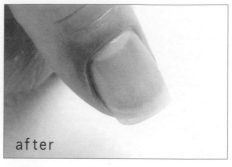

易碎裂指甲經過水晶指甲的修飾後，碎裂的部分獲得覆蓋，不會動不動就想去修剪或忍不住去撕裂，指甲的美感重新修長，尤其是長期撕裂，指形變得很短或是手指較短的女性，可嘗試選擇。

SOS　養成每次雙手修剪完或沐浴後，在指緣以保濕乳液、指甲專用保養指緣精油按摩，或者擦上易碎裂專用護甲指甲油保護易碎裂的指甲，也可以水晶指甲或是凝膠指甲輔助強化，降低撕裂的狀況。有人誤解做水晶指甲及光療指甲一定是用來做指甲延長或美觀，其實它除了強化指甲，還扮演輔助保護的重要角色。

6 太軟薄甲

指甲本身胺基酸含量過低，易造成軟薄指甲，而一部分軟薄指甲的成因來自基因的遺傳。太軟薄的指甲怕水，比較常接觸水的工作者，例如：洗碗、洗頭……等常接觸水的工作，指甲常浸泡在水中，更容易斷裂而造成軟薄指甲者生活上的困擾。

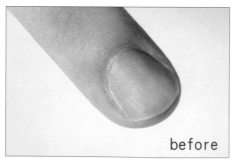
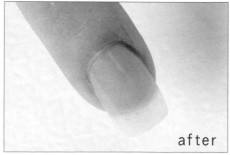

太軟薄甲可選擇製作水晶指甲方式或擦上硬甲油，既可堅硬指甲又保護指甲，更可不再擔心浸泡水裡造成惱人的斷裂分岔。

SOS 太軟薄甲怕水該怎麼辦？塗上有硬甲效果的護甲油是對太軟薄指甲搶救方法之一，擦上硬甲油，就如同幫指甲穿上了一件保護衣一般，不但可以增加硬度，對指甲有隔離與保養作用。另一個搶救方式可做水晶指甲或光療甲方式強化改善，指甲面一旦由強硬堅固強物體覆蓋，對於太短或怕遇水的軟薄指甲，是不錯的改善方法！但同時也不要忘了多攝取植物動物性蛋白質及營養補給品。

嵌甲

　　嵌甲，最常見在腳部。通常一般人常會因為便於走路或是穿襪而把腳趾甲剪的很短，尤其腳趾甲的兩側常常容易藏污納垢，剪的短短的感覺比較乾淨舒服，也比較不易造成襪子常常破洞，嵌甲就這樣形成了！而手部，更是全年無休的經常需要操作一些動作，例如：打電腦、拿東西、搬重物……等，指甲太長會覺得不方便，將指甲修剪的過短，易造成下方指腹及甲溝側邊皮膚向內部擠壓包覆，佔住原有指甲的生長空間，新生的指甲便刺入增生皮膚中，形成嵌甲現象；嚴重時更可能發生反覆發炎的情況。

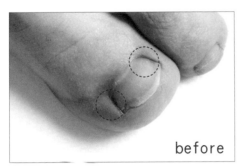
before

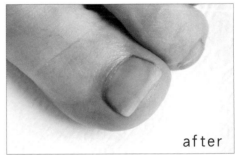
after

針對受擠壓下陷的指甲位置，可先修除壓迫指床的壓迫點，再使用水晶指甲的修補方式改善，即可達到搶救下陷的情形。

SOS 第一要改掉修剪指甲過短的不當的方式，讓指甲與指尖保有適當的平行長度，才不易造成「嵌甲」現象產生；第二，可以選擇製作水晶指甲來做矯正，讓指尖延長，指腹無法有機會往上長而有阻擋作用，達到補救「嵌甲」現象，擁有美麗的指型！而指尖兩側容易暗藏污垢的角落，應選擇尺寸適當精巧的修剪工具，輕輕將兩側的污垢清乾淨。

指甲嚴重紋路

　　隨著年齡增加，指甲的縱向紋路會越來越明顯，這是一種正常的指甲的老化表現；但偶爾，指甲嚴重紋路也會反應出身體的健康狀態。熬夜、作息不正常、飲食不均衡、心情焦慮、壓力都可能造成指甲的提早老化，讓縱向紋路過早出現。嚴重者的指甲表面形成很深的紋路，讓手部看來憔悴枯槁，指甲面骯髒不美觀！

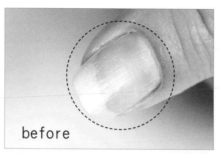

before

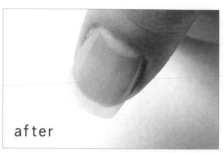

after

經過水晶指甲的修飾，指甲面紋路變的較不明顯，展現出乾淨、健康的光澤。

SOS　調整生活作息、心情，均衡的攝取營養，搭配有益身心的戶外運動是維持健康及擁有美麗指甲的不二方法！另外可使用保濕成分高的保養品、指緣油，多做一些手指末梢神經按摩，或是定期到指甲沙龍做修護保養。一般指甲沙龍，可選擇水晶指甲或光療指甲方式，為指甲上的紋路作平整修護，或擦上修護紋路的護甲油，填補指甲紋路，讓指面呈現出平整、光滑的健康指感；沒有時間前往沙龍保養的朋友，可選購橫紋修護的護甲油，自行保養。平時多關心並呵護指甲周圍皮膚的柔軟度並即時注意維護，可減低指甲紋路增生。

爪型甲

　　肝、肺功能不佳以及體內含鐵量高的人會形成爪型甲，對於鐵質代謝不健全的人，也易產生爪型指甲。爪型甲讓甲床形成非常大的拱型如鷹爪，當指甲持續往下生長時，不但留長困難，更易造成手部拿、捏、抓等執行上的困擾。

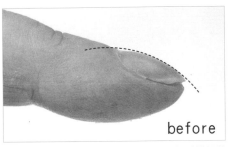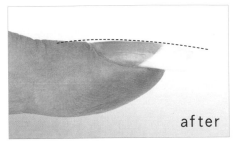

法式水晶指甲矯正後的爪型指甲，指型變得修長而自然的手型美感。

SOS 尋求醫生協助了解身體哪裡出狀況。一般不嚴重的爪型甲的情況，多運動可改善，緩和爪型甲的形成，如果很在意自己因爪型指甲看來雙手很不好看，可用水晶及凝膠指甲修飾爪型甲，展現出較平整與健康的美麗指型。

正常甲

　　健康的指甲，需要正確修剪方式，呵護並維持指甲健康正常狀態！如過度修剪、不當的修剪方式、不當的保養或長期忽略，都有可能引發上述幾項的指甲習慣與狀況。

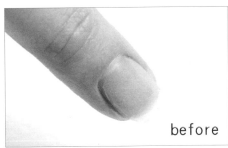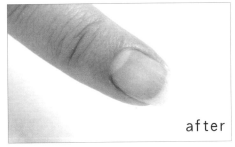

依原來指型修飾的法式水晶指甲，可兼顧保護堅固指甲，亦便於生活上的抓、拿等手部活動與工作，更顯現出粉嫩自然的美麗指型。

SOS 健康的指甲，除了要重視均衡的飲食、作息正常與運動之外，仍應注意保養品的使用，例如：乳液、護甲油產品的寶貝呵護！如果個人喜歡擦指甲油，應選擇定期2至3週時間，為自己安排基礎保養一次，可讓維持時間較久。在這注重整體美感的時代，讓指甲有多變的造型，指甲彩繪、水晶指甲、光療指甲等方式，可將服裝搭配變化出更多的創意與個人風格，呈現出最完美自己。

指甲會呼吸嗎？
DOES NAIL BREATHE？

指甲會呼吸嗎？

「指甲體」，是醫學上泛稱的──指甲。指甲其實和毛髮一樣，是由皮膚轉化為硬角質組織，由蛋白質、角質素、硫⋯⋯等所組成，不會行新陳代謝作用，都是屬於皮膚的附屬物。

指甲和毛髮最大的不同用途在於：「毛髮的主要功能：著重於隔離作用，如：頭髮生長在頭頂，隔離外在紫外線的傷害、睫毛保護並減少異物對眼睛的傷害⋯⋯等。而指甲，則以保護富含神經的指尖，免於受到外力的傷害，降低碰撞為主，如：腳和手指甲的生成，同時有利於捏、揉、提、拿等動作，更有其保護及輔助的作用。」由於指甲是皮膚轉化而生成的硬角質，沒有毛細孔，也就沒有通氣的狀態，健康與成長，其實是不需要透過甲面與外界聯繫，與皮膚不同。指甲的生長，是由指甲膜的位置，形成甲板往前推，下面有一甲床，指甲的成長主要是靠這些下面基層生長，由內而往外推，所以每隻指甲，就如同一根頭髮，不會有如皮膚般的觸覺感，而指甲的保養一如頭髮的保養，應由甲床基質「甲基質」的根部保養起。

認識你的指甲？

指甲，生長在手指和腳趾的末端，附著於甲床上，根部延伸到皮膚之下，由鱗狀角質層重疊構成，在指甲之下的部分，是支撐指甲的皮膚組織。

甲床基質「甲基質」，是製造健康指甲的祕密基地，形成垂直由內往外推的生長方向，不斷使指甲角質化，供給指甲健康成長所需要的養分。

與指甲緊密相連的稱為「甲床」；指甲自甲床分離的兩處叫做「游離緣」；固定指甲四邊外框形狀稱之為「甲溝」，又分「近端與側端甲溝」；「半月」又稱為「甲弧影」位於指甲上端於甲床軟皮邊緣，呈現乳白色半月形狀，因接近甲基質與甲床結合，在指甲生長上扮演非常重要的角色。

　　手和腳的指甲，因其所需的功能與作用不同，指甲的生長速度亦不同，如：腳指甲，因走路的需求，角質需要較厚，所以腳指甲也較厚；而手部，因不同的需求，厚度較薄，也因此一般來說，手指甲生長的速度比腳指甲來的快。手指甲的生長速度，一週約0.05至1.2毫米，所以指甲由底端長到上層，約需3個月左右的時間，除了重病、病毒感染、飢餓引起營養不良、天氣寒冷等，會減緩指甲生長，以及吸菸、藥物、不當的清潔劑使用，會加重指甲傷害的另外因素之外，要推測健康的訊息與指甲正常成長的狀況以3個月為一週期。

圖片提供：LCN

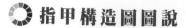 指甲構造圖圖說

A. 甲基質NAIL MATRIX：專司指甲再生機能，擁有血管及神經。

B. 指甲根部NAIL ROOT：構成指甲生長的根部。

C. 甲床表皮「甘皮」CUTICLE：保護甲基質的皮膚部分，保養與做甲面造型時不能修剪，若修剪易造成皮膚感染或指甲病變。

D. 指甲板「甲面」NAIL PLATE：指甲的甲體板。

E. 甲弧影「半月」LUNULA：指甲根部呈現乳白色，型如半月的部分。

F. 指甲床「甲床」NAIL BED：指甲下方承接連結指甲皮膚部分。

G. 甲溝NAIL GROOVES：指甲左、右邊緣被皮膚覆蓋的部分。

H. 指甲前端DISTAL END：指甲從甲床離開所延伸出的距離部分。

I. 指甲下皮HYPONYCHIUM：防止指甲下有異物進入，指甲的游離邊緣附著皮膚的部分。

J. 游離體「游離緣」FREE EDGE：指甲從甲床以外可看見的線條部分。

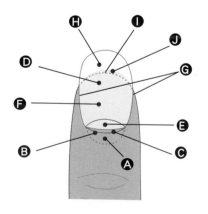

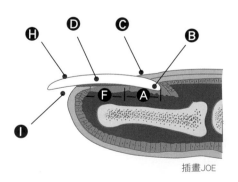

插畫JOE

◐ 指甲正在跟你說話，你知道嗎？

就健康上來說，人體會經由末梢結構組織，顯現健康狀態，如：毛髮、指甲。當人體身體營養不夠的時候，也會透過指甲跟身體的主人說話。

在醫學上經常藉由毛髮、指甲的健康狀態，來判斷內臟健康狀態；法醫學上亦以指甲來判定是否有中毒現象，無論是輕微中毒甚至嚴重中毒，都可由指甲中找到答案。

當新陳代謝產生問題的時候，指甲會有成長不均勻的現象；當血液循環不好的時候，指甲前端會腫脹起來，感覺有浮動現象，形狀會變；當指甲成湯匙樣時，即表示有貧血現象……等，當體質較弱或是年紀較大時，指甲會變的較脆弱，容易產生直、橫紋及甲床分離的剝離症的現象。所以，別輕忽了小小指甲所發出的微弱聲音。

圖片提供：ORLY

⬤ 指甲，預警了身體的健康狀態，透過它所能展現的方式跟你表達。

病變名稱	醫學與一般名稱	主要顯現症狀	改善方法
●蛋殼甲	Eggshell Nails	來自錯誤減重、內臟疾病等因素指甲變薄、變白、及彎曲。	飲食均衡，勿使用錯誤減重方法，健康的身體才是最自然美麗的體態。
●橫向指甲溝紋	Transverse Groove	又稱橫浪甲。主要成因是指甲生長速度一度減緩，而在指甲上產生橫向溝紋。常在受傷或疾病痊癒之後出現。	作息正常，勿熬夜，飲食均衡。
●縱向指甲溝紋	Longitudinal Groove	又稱縱向甲。主要成因是指甲基質局部受到損傷，在指甲上產生縱向溝紋。	避免習慣性摳抓或破壞指甲甘皮。
●指甲白斑症	Leukonychia	指甲上產生白色點狀，隨指甲生長而消失。	避免損傷。持續未消失時，尋求醫療協助。
◆翼狀指甲膜	Ptorygium	甘皮過度成長。	尋求醫療協助。
●湯匙甲	Spoon Nail	貧血、鐵質不足，職業性或遺傳因素，指甲產生像湯匙的樣子。	多補充鐵質與均衡的飲食習慣，勿挑食與減重過度。
◆指甲萎縮症	Onychatrophia Atrophy	皮膚病變、內臟疾病為主要成因，指甲容易損壞及剝落。	尋求醫生的協助，找出病因。
◆厚指甲	Onychauxis Hypertrophy	局部感染或是老人性變化，使指甲異常變厚。	找醫生正確診斷。健康戶外運動，飲食均衡，降低老化速度。
◆指甲陷入症	Onychocryptosis Ingrown nail	又稱嵌甲症。不適當的修剪指甲，腳部有部分主因為鞋子壓迫，指甲壓入周圍皮膚所產生的發炎。	尋求醫生的協助。不修剪過短的指甲，穿適合尺寸與舒適透氣的鞋子。
■硬繭、倒刺	Onychophosis	因指甲周圍表皮硬化龜裂或受外力撕裂所引起。當繭過於厚硬時，會使甲床產生變形。	注意手部保溼保養，避免外來傷害。尋求醫生的協助。

◆不建議使用黏貼甲片或做人工指甲，應盡速尋求醫生醫療協助。

●可使用，手與腳擇一保留觀察健康復原情形。

■可做小的調整，建議需配合專業知識豐富的資深的美指造型師與搭配使用專業輔助商品。

◆疣	Warts Verruca	病毒感染引起，具傳染性。主要特徵是指甲周圍或皮膚表面有點狀的褐色硬化突起，侵犯甲床時會使指甲下角質增加。	尋求醫生醫療協助。
◆甲床炎	Onychia	又稱甲根炎。 常因念珠菌感染引起。	尋求醫療協助。 保持乾燥衛生。
◆綠膿菌感染	Pseudomonas Infection	又稱綠指甲。 指甲剝離、指甲發炎或做水晶指甲、貼甲片不當而造成，感染部位呈黃綠色。	尋求醫生協助，藥物治療，保持乾燥衛生。
◆甲癬	Onychomycosis Tinea unguium	白癬菌侵入指甲，造成黃白色指甲或是剝離。	尋求醫師的藥物治療。
◆甲床分離	Onycholysis	因內臟疾病、外傷、感染，引起指甲從甲床分離。	尋求醫師的正確診斷與治療。
◆指甲脫落	Onychoptosis	通常因外傷、感染、不當處方藥造成指甲脫落。	注意運動或是不當施力方法及衛生與藥物使用。尋求醫師的正確診斷與治療。
◆甲溝炎	Paronychia	常因金黃色葡萄球菌由皮膚外傷侵入而產生紅腫感染。	醫生藥物治療。預防不當的修剪及外傷。
◆手錶鏡面狀指甲	Clubbing Nail	手指前端有半圓球彎曲狀態，主要成因來自肺部、心、血管、肝、消化器官疾病所造成。	尋求醫生醫療協助。
■指甲彎鉤症	Onychogryphosis Ram's Horn nails	又稱鷹勾甲。 指甲呈現大幅彎曲狀態，老化指甲常見。過早出現時主因不明，遺傳為可能性原因之一。	可藉由水晶或是光療指甲的矯正。
■咬甲症	Onychophagia	習慣性咬指甲，造成紋溝。	可使用護甲商品保護或做水晶指甲改變咬甲習慣。不建議兒童使用水晶指甲。
■指甲縱裂症	Onychorrhexis	可能為先天因素，也可能因過強清潔劑˝或去光水過度使用，造成指甲脆弱易損，使指甲產生縱向的裂痕。	使用品質好的去光水，降低使用去光水次數。使用護甲商品保護指甲。

彩繪指甲會影響健康？

HEALTH

◐ 彩繪指甲會影響健康？

指甲是硬角質的一種，一般彩繪裝飾在真指甲上的小鑽等裝飾配件，本身的重量不太重，所以造成指甲的傷害並不大，比較需要注意的是勾到或是拉扯造成的人為性傷害；而選用品質良好、具有保護成分作用的指甲油上色，護甲油保護指甲，甚至可能形成一層保護作用，享受追求完美造型所帶來的美麗好心情，令人期待。

通常對指甲健康造成傷害最大的是用來卸除指甲油的去光水，若是人工指甲，則為去除真指甲上的自然保護油脂層等劣質的消毒商品，或製作過程中的拋磨過程不當。去光水去油脂的力量很強，會把甲質外層保護膜破壞掉。如果你喜歡三天兩頭換換顏色，而大量使用去光水，那一段指甲保護膜就非常容易受損，而指甲的保護膜並不會天天增殖，經過破壞之後，必需再經約三個月新生而成，因此指甲的末端容易出現易斷裂現象。

一般上指甲油，以一星期以上換色或是卸除較好。最好不要一兩天或是兩三天就換，頻繁的去色，會對指甲造成很大的傷害。若是有局部掉色現象，建議以局部修補或二次上色，不過度使用去光水及劣質的去光水卸除。

一般多擦一些鎖水和滋潤較好的專業乳液保養，和使用天然成分高、品質良好的指緣油按摩指尖，增加並保護油脂層，讓指甲保持健康。但是像水楊酸、果酸類的護膚產品，有時效果太強的話，會造成甲面保護膜剝落，應盡量避免使用。泡溫泉或是泡水時間過長，亦會對指甲表面產生影響，盡量不要泡太久。

在已有黏貼甲片或手部有人工指甲時，應隨時注意——真指甲和假指甲間是否因滲水而產生黴菌，一般細菌和真菌的感染通常是由甲片或人工指甲造成，如：人工指甲被撞擊、穿戴時不小心拉扯而造成真指甲的斷裂，或是黏貼甲片尺寸不合、人工指甲沒修補好有縫隙、使用未經消毒的工具、而造成細菌和真菌在指甲間滋生並擴散到自然真指甲，造成指甲病變，或是過度修剪指甲周圍皮膚剪出破損傷口，引起發炎感染。如果發現症狀，應即刻拆除假指甲立即就醫。

美麗指甲需來自健康

健康狀況的良好，是指甲展現自然光澤與美麗的基礎——身體不健康，營養不良、具有疾病、衛生習慣不好，都會形成指甲疾病而影響手部的美觀。

指甲會隨著身體新陳代謝的快慢，而影響指甲生長的速度——新陳代謝越快，指甲也生長的越快，代謝的速度變慢，指甲生長的速度也會隨著減緩。指甲的健康，呼應著我們的身體是否有良好的新陳代謝狀態。

由內而外全身性的健康，均衡的營養攝取與良好的飲食習慣、不偏食，充足的睡眠，多做擴胸運動及到戶外從事有益身心健康的運動，仍是讓指甲呈現自然健康光澤的不二法門。想要充分享受美麗所帶來的樂趣，建立在擁有健康的指甲之上是理所當然，也是必需的。

你應該及早發現指甲的異常狀態

指甲的異常狀態分先天性症狀和後天性的異常。

先天的症狀是指，自出生下來就有的遺傳性症狀，無法治癒，如：指甲的先天性異常、骨頭生長的異常、皮膚角化的異常、短指甲症狀等。

後天性的異常，泛指原來是健康的指甲，後因受傷或其他外力、疾病等所引起，可以藉由正確醫療的治療方式治癒，可分外因及內因，如：全身性症狀、皮膚病的部分症狀、被診療認為僅是指甲異常的症狀。

透過小小指甲的顏色，發現可能有疾病已經找上你。一般指甲表面的色澤是呈現淡粉紅色，並且帶有透明感，在指甲體前端有一小段淡黃色澤是正常現象，而正常指甲韌度，可以其他手指按壓指甲尖端，可以略微彎曲表示硬度剛好，若是太硬或太軟，表示指甲不健康。

當出現不是正常色澤或是太軟、太硬時，應當非常注意並盡速尋求醫生的協助。

1. 白斑、白線：蛋白質和熱量不足，外傷、感染等。

2. 白濁色：肝硬化、慢性腎功能不全、糖尿病等內臟疾病。

3. 黃白色：指甲剝離症、尼古丁沉澱、內臟疾病患者、淋巴循環系統異常、新陳代謝不良或是指甲白癬造成。

4. 紫青：先天性心臟病疾患者、肺部疾病患者。

5. 青白色：貧血造成。

6. 綠色：綠膿菌感染。

7. 紅色：指甲下出血或是化膿性肉芽腫。

8. 黑褐色：缺乏維生素B12、黑色素增加、指甲下方出血、金屬性色素沉澱、阿迪森氏症、藥劑不當影響，更嚴重的形況為惡性腫瘤。

DIY 指 繪 商 品

原來DIY指繪商品這麼多

★DIY造型系列 ★純淨透亮的透明甲片＆珠白渾潤的白色甲片

指繪DIY會不會很難？

任何學習的開始，都會覺得生澀，但是，當投入學習就會駕輕就熟，甚至會開始享受那份學成後的成就與滿足感，還可能不小心就上癮喔！只要是有興趣或是希望讓自己更美、更有型，只要花一點點時間了解與練習，怎麼會困難呢？

覺得我的手指很難看，適合DIY嗎？

適切的穿衣搭配可以修飾身材，經過專業設計的髮型可以修飾臉型，精緻巧思的彩妝可以增加臉部五官的美感，創造指甲纖長感的指甲片，能夠讓手指或腳指更加美麗。

指甲面上的圖案設計、甲片的長度、上色色彩、不同的搭配配件，都會影響指型的長度與寬度，創造出視覺延伸的效果喔！或許也就是我們的指型不是那麼完美，才更應該注重指甲的修飾，為自己創造更完美的纖長指型呢！

一般市面上有分純淨透亮的透明甲片和珠白渾潤的白色甲片兩種，另外還分不同尺寸指片散裝成盒與圓形如花瓣需要剪開才可使用兩種，而甲片的材質質感與材料好壞，也有區分，一般售價約為NT＄50至500間，在「美妝行、指甲沙龍」均可買到。

在沒有空餘時間，可以上指甲沙龍做指甲造型，市面販售的指甲片，是可以做為臨時造型的一個選擇。但，最好佩戴時間不超過4天至1星期為主。

透明甲片的質感純淨透亮,設計的
造型也可深具創意加入露出天然指
甲色澤的巧思。

作品設計=Kari Share Nails 凱瑞莎兒

白色甲片的質感猶如珍珠白的無
瑕,任何的設計與色澤,都可呈現
最自然的色感與光彩。

作品設計=Charisma 劉孝怡

原來 DIY 指繪商品這麼多

★DIY造型系列★多變可愛的貼紙＆炫燦奪目的水鑽

◉ 不用工作、做家事的人，才能做指甲彩繪？

很多人總會以為貼上甲片，就無法做事，上了指甲油，就不像在認真工作。其實，選擇正確的甲片長度與塗上具護甲功能的專業指甲油，不但能讓做事時的心情更好，增進對自己的自信，還有保護指甲的作用！在歐美國家，早就將這當成生活禮節的一部分，尤其對於希望在職場中有所表現的上班族更是重要，當伸出乾淨又擦上具整體搭配美感指甲油的手與客戶握手，不但是一種專業的表現與社交禮儀，更是尊重彼此的最佳典範。

◉ 貼上喜歡的甲片後，要注意什麼？

選擇並修剪出適合自己工作型態的甲片長度，貼上鑽飾的甲片，小心穿脫衣物不小心會勾拉到；注意甲片與天然指甲間，是否有空氣或水滲入，如有，應盡快以正確的方式卸除，千萬不要用力拉扯，卸完同時看看天然指甲上是否有黴菌孳生的狀態，如沒有，記得擦上具有護甲功能護甲油、指緣油，寶貝勞苦功高的雙手雙足，如有，應盡速前往皮膚科就醫。

一般的貼紙售價以貼紙的製作方式難易度及材質而售價不一，每張價格自NT＄30至300不等。而鑽飾的部分，以鑽面的亮度與透明有等級上的差異而價格不同，目前施華洛世奇的鑽類，因亮度與透度光澤都具有相當好的效果，深受好評與喜愛，價格自NT＄50至500不等。

巧妙的搭配透明甲片的質感與鑽類
的閃耀特質，展現出甲片的無瑕透
明，創造自然的純淨之美。

作品設計＝Tresor璀璨美甲小舖

經過構思的創意，運用貼紙上
不同的造形圖案，可變化出百
變有趣的風格，讓造型更加完
美可愛。

作品設計=Love Nail

*33

原來DIY指繪商品這麼多

★DIY造型系列 ★色彩繽紛的彩繪顏料&DIY的採購預算

怎麼做，彩繪才可以畫的好？

首先，挑選1至3支不同號數的筆，方便繪出不同面積的點、線、面，挑選時請試試筆毛是否具有良好彈性、會不會掉毛，好的筆能讓彩繪時更加輕鬆，也不會畫到一半掉下筆毛破壞作品，筆的價格因筆毛製造成分差異而售價不等，一般的價個約為NT＄100至300品質等級較高以貂毛製造的一支約為NT＄300至500以上。

彩繪顏料，一般以廣告顏料或壓克力原料上色效果較佳，顏料濃稠度的稀釋影響上色的色彩厚薄感，單瓶罐裝與擠壓式條裝盒裝，以及日系或歐美品牌價格不同，每罐裝價格約為NT＄60至100，條裝盒裝價格NT＄250至400以上。想要畫的更為熟練生動，多觀察、練習所要畫的圖案，自然就可以畫的很好，享受彩繪帶來無限的時尚新樂趣喔！

好想要DIY喔！要花很多$$嗎？預算該怎麼分配？

採購前，先設定好自己可以支出的預算總金額，找出自己想嚐試的DIY造型，列出採買清單，到相關商店逛逛找找是否有適當喜愛的DIY商品並詢價，多看幾家再決定。

常用的工具類商品，如預算許可，採買消毒或清潔的輔助商品，是讓工具永保如新、延長使用時間的絕佳方式。

控制精確的顏料濃稠度、品質良好
的繪筆及相關工具，能將完美創意
展現的更精緻細膩。

作品設計＝十分之一美學

你不可不知的健康美指新概念
NEW CONCEPT OF NAIL ART.

指甲也有不同甲質，你知道嗎？

個人的膚質都不大相同，有乾性、中性、油性，更細分還有T字部位，而與其他膚質的不同——指甲，也與你的肌膚一樣，有不同的甲質。有的人，指甲又軟又薄，有的人又乾又脆……，這些不同的甲質，都會影響指甲想要善盡保護你的天賦功能喔！了解自己的甲質，為自己選擇適合甲質的護甲商品，寶貝保護並增進指甲的健康，這樣的健康新概念，你不能不知道喔！

◆亮麗增強基礎護甲油：創新的【抗斷裂增強科技】，運用水解小麥蛋白質護理指甲，以增強天然指甲的交互連結，富含維他命E，延緩因環境傷害的天然抗氧化成分，專為遭受指甲斷裂或剝落煩惱而研發設計，促進天然指甲的堅固與自然光澤。僅適用於天然指甲，做為基礎護甲油或做為第二層強化系統。若定期使用，可以建構一層保護層及堅固層，讓指甲更堅硬強壯。（O.P.I專利性修護產品NT＄900）

◆自然增強基礎護甲油：專為喜愛自然指甲真實質感的男性或女性研發設計，擁有不易覺察的指甲護理強化效果，讓指甲呈現完全而自然的光澤面貌。創新的「抗斷裂增強科技」，以增強天然指甲蛋白的交互連結，同時又含有維他命E，不但可以延緩環境傷害影響的天然抗氧化成分，還能預防指甲剝落、裂開以及指甲崁入肉中的疼痛，使指甲更為堅硬，具有自然光澤。僅適用於自然指甲做為基礎護甲油或第二層的強化系統。（O.P.I專利性修護產品NT＄900）

◆增強指甲護甲油——軟薄指甲配方：運用豐富的鈣及多樣海中礦物，補充指甲所需的鈣等多樣礦物質，強化及保護軟薄的指甲——為專為軟薄指甲專業技術研發設計的護甲油配方。（O.P.I專利性修護產品NT＄900）

◆增強指甲護甲油——乾燥無光澤指甲配方：豐富的抗氧化維生素E&C集保濕配方，透過專業技術研發，針對乾燥無光澤指甲，補充所需的維生素及水分，改善指甲乾燥、容易斷裂及剝落等現象。（O.P.I專利性修護產品NT＄900）

◆增強指甲護甲油——敏感易剝落指甲配方：利用高科技先進技術的維他命E、庫庫伊堅果萃取油、蘆薈精華及不含甲荃配方，滋潤防護指甲及表皮，讓敏感易剝落指甲得到最佳的滋潤及強化。針對敏感易剝落指甲先進技術研發——無甲荃配方，呵護易敏感的使用者，無敏感困擾的消費者更可安心使用。（O.P.I專利性修護產品NT＄900）

◆平滑修護液：除了具有天然絕緣的強化作用，還可溫和的使不平整的指甲面光滑，讓指甲油能平順而均勻的塗上指面，達到上色後的絕佳效果，亦可做為自然指甲一般使用的基礎護甲油。（治療性修護產品NT＄450）

◆亮麗增強護甲油：含豐富的溫和角質胺基酸等配方，若定期使用，可使自然指甲更為健康堅固，為亮麗與基礎護甲油兼顧的不錯選擇。（治療性修護產品NT＄450）

◆護甲亮光兩用指甲油——標準配方＆無甲荃配方：包含基礎護甲、亮麗保色、保色護甲、天然指甲強化指甲等多效合一的突破性產品，無甲荃配方的全新呵護，適合敏感性的指甲使用。（治療性修護產品NT＄450）

◆指甲美化液：用來抑制各種難看的指甲病變，經過臨床研究實驗的專業美甲沙龍配方，含有兩種有效成分：A.十一氨基醋酸（Undecylenlyl Glycinet常用且可

靠天然成分）B.地衣酸（Usnic Acid一種苔蘚類的天然衍化物），經過專業研發濃縮，無刺激性，不含香料，使用容易，正在申請專利。可直接塗抹在指甲油上和人造指甲上，指甲油必需完全乾燥後才可以使用，每天塗抹兩次，使用前務必請將患部洗淨擦乾。（O.P.I治療性修護產品NT＄1170）

◆防剝落指甲油：在上指甲油之前，可以做為基礎的防護指甲油，針對易剝落的指甲表面，可增加強化指面的剝落，手指甲或腳趾腳甲都可充分運用，為易剝落指甲帶來細緻的防護呵護。（O.P.I最後完整修護NT＄750）

◆自然指甲基礎護甲油—長效持久配方：富含自然指甲基礎護甲油必需的角質胺基酸，以及與天然指甲蛋白交互連結的特殊配方，可預防天然指甲的斑點，更可防止自然指甲的沾污及長效持久的護理指甲。（O.P.I最後完整修護NT＄450）

◆亮麗保色護甲油—高光澤防護：經過專業認可的配方，廣受全球專業指甲師歡迎喜愛的熱賣商品使用乾了之後，會形成平滑光亮的閃亮防護層，並促進指甲油地耐磨與持久性，巧妙避免髒污。（O.P.I最後完整修護NT＄450）

◆亮麗快乾護甲油：只要塗完指甲油後一分鐘，在每個指甲上再塗一層，可使指甲油能更快乾，並形成堅固持久的高度光澤，不易有斑點、髒污或斑紋產生且讓指甲油更為持久亮麗，不必擔心黃化的情況。（O.P.I最後完整修護NT＄630）

◆快乾劑：含有豐富最頂級的酪梨油脂複合體成分，給予指甲溫柔天然的保護與滋潤，於60秒內可造成光滑、堅固、防止指甲面污點附著的防護層，可減少指甲油乾燥時間，乾燥後會在甲面上形成光滑細緻防護層，避免沾污，讓外皮和指甲同時受到細緻保護與滋潤。（O.P.I噴式）NT＄520（60ML）

◆快乾劑：富含天然荷荷粑油及抗氧化維他命E成分，在指甲油全乾的5分鐘裡，只要滴一滴於指面上，其專業穩定性配方，能在迅速乾燥指甲油同時給予指甲絕佳的滋養，深受全球專業指甲師喜愛。（O.P.I滴式）NT＄730

當紅不讓的透亮造型搓棒

　　拋光後，既晶瑩又粉嫩透亮的指甲，真是讓人愛到不拋光不可──但是，不正確的使用搓棒，也會讓指甲軟薄到非停止不可。一般不好或是沒有品牌保證的搓棒，會發現很快就沒有拋光效果，而且當搓磨時，可能有不舒服的灼熱感，購買到這樣的劣質搓棒，不但會傷害真指甲的健康，還可能影響指甲自然生長，應慎重選擇有較好品質要求的品牌商品。當前往美容沙龍，也要注意沙龍的搓棒是否使用過度？或是有提供個人專用的搓棒？為自己的指甲健康衛生把關。

　　指甲，如果因為生活作息或是營養攝取不均衡，會產生指面不平的現象，建議使用修護性的亮光護甲商品，兼顧護甲與保養，並請同時調整飲食及作息，千萬不要以搓棒磨平，而造成指甲更多的傷害喔！

各係數搓棒的主要使用特色與功能 (示範品牌O. P. I)
×代表不建議使用在自然指甲上　○代表可以使用在自然指甲上

係　　　　　數	主 要 使 用 特 色 與 功 能
100 × 粗糙係數	因為粗糙，可以迅速修整長度和大量快速修整水晶指甲。不適合使用在自然指甲。
120 × 中度粗糙係數	修整人工指甲的表面、外形、輪廓和長度的修整。不建議使用在自然指甲上，若使用在自然指甲時，特別注意造成指甲前端的斷裂分岔。
180 ○ 中度細緻係數 ○	指面上殘留的刮痕，可用來修整自然指甲的長度，不建議修飾指面。
240/320 ○ 細緻~非常細緻係數	修飾水晶指甲指面呈現細緻平滑質感及快速去除指面上殘留雜質。也可用來修飾自然指甲長度，不適用於修磨指面。
250 ○ 特別細緻係數	平滑修飾水晶指甲指面，可以快速呈現滑順的細緻指面，不建議修飾自然指甲指面，可修整自然指甲長度。
400 ○ 極度細緻	修整出水晶指甲完美的細緻平滑質感，給予最細緻也是最後的光滑表面修飾。可以使用在沒有損傷或病變的自然指甲上。
400/800/1000/ ○ 1200/4000 最後修整 / 拋光係數	可用於自然指甲的甲面拋光，亦可以給予自然指甲、假指甲片或水晶指甲高度的細膩質感並閃耀出透亮光澤。

想要擦拭油質乳液或是乳霜產品時，請在磨光指甲後塗抹，千萬不要與搓棒或是搓棒一起使用喔！如果同時使用，會造成搓棒或是搓棒的表面損害，而無法使用，影響商品使用壽命。

P.S. 使用太久的搓棒，也會有磨不動而產生過度摩擦的熱感，應丟棄不要再繼續使用。

◆#400‧#800‧#120001-2-3磨光棒NT＄420（5"單片裝）：創造細緻光澤感，讓自然指甲、水晶指甲或是假指甲片，擁有自然平滑的透亮質感。

◆#180‧#240金方形搓棒NT＄160（2片裝）：雙面不同粗細的搓面設計，能充分運用在柔合粗硬的指緣硬皮給予細緻感，及和緩的搓磨平滑指甲。

◆#1000‧#4000快速磨光搓棒NT＄490：綠色面（#1000）為迅速清除殘餘的粗糙點，不能過度使用，會傷害自然指甲。白色面（#4000）快速拋光指甲面，讓指甲面呈現晶瑩透亮的自然光澤感。

◆#180‧#240鑲鑽式搓棒NT＄630：造型現代獨特，鑲鑽式表面處理不銹鋼搓棒，能夠在每次使用後進行消毒，重複使用時間較長，堅固耐用。雙面粗細搓面，不但可精緻細膩搓磨指甲表面及輪廓，正確使用可幫助預防自然指甲剝落和分裂。

◆搓棒邊緣修整器NT＄1900：輔助性極佳的配件工具，能迅速、精確、清潔衛生的將鋒利的搓棒邊緣展現平滑，使搓棒能更有效運用。

◆#120白硬式搓棒NT＄170（2片裝）：常用於快速平滑，不建議使用於天然指甲。

◆橄欖形細緻搓棒NT＄420：造型兼具功能性的橄欖型設計，能柔和平滑自然指甲與水晶指甲的甲面。

◆橄欖形1-2-3磨光棒NT＄630：可充分運用橄欖型的不同角度功能，給予指甲面高度光澤的閃亮甲面。

◆FOOT FILE二合一專業足部搓棒NT＄1200：充分滿足所有足部需求而量身設計，具有雙面不同
粗糙搓面的完美搭配，比其他任何專業搓棒擁有更大的使用搓面，能更快速及有效率的適用於
足部任何修飾，獨特的崁入式精緻設計，兼具功能與使用時更得心應手巧思。極具創意的鑲夾

式握柄，能便於汰舊換新的更換，符合經濟效益之外，更具有穩固搓面，牢固搓面所有使用上
應具備的舒適便利功能。

圖片提供：O.P.I

嚴選好的修剪工具，讓你事半功倍，呵護加倍！
CHOOSE GOOD NAIL TECH TOOLS.

◎ 優質的剪指工具，能修剪出省力又美麗的指型。

指甲，每天與我們工作相伴，默默地輔助任何需求，難以想像，卻如此遭受忽視──無論是否喜愛美指帶來的風尚樂趣，善待自己的小小指甲，好好寶貝這勞苦功高的沉默大功臣，嚴選好的工具，正確的使用修剪工具，發揮工具最優質的功能與使用效果，更是不能不重視的生活須知。無論是自己在家DIY或是到沙龍接受服務的同時，更可看看你的專業美指師，是否真的專業地使用專業優質工具，好好愛護你的雙手雙腳喔！

◆假指甲修剪器NT＄2600：強調具抗化學物品侵蝕，鍍銀猶如精品般外型，融合功能與最安全、精準的安全情況設計，修剪所有不同材質的假指片或水晶指甲的多餘長度，輔助達到完美指型。

◆甘皮修剪器NT＄4000：好的修剪器，符合人體工學的精密設計，在握柄施力部分，提供最佳施力點及舒適的掌握性。專業設計針對修剪甘皮使用──擴大輪廓的刀口，給予修剪時最準確的輔助，其擁有雙片彈簧的活動機裝置，額內含有一個可替換的彈簧片，更讓修剪器的開合活動，能徹底靈活展開運用。平日使用後保養，可於消毒清潔後，將微量的指精華液，滴入樞紐處潤滑，收藏於修剪盒內即可。

◆小巧輕便的甘皮修剪器NT＄960：絕佳精巧的設計，完美融合修剪功能與磨砂霧面不鏽鋼質材，創造出修剪器的完美造型與優美質感，量身設計精巧單片彈簧活動機械裝置，無論在單邊或是雙邊使用時，均能徹底且靈活的展開開合動作，其小巧的造型，亦非常適合手部較小的朋友使用。

◆手部表皮推進器NT＄2600：創新嵌入式清潔指緣設計，兼具多功能性的加強推開和清潔指甲表面的全新功能，可讓指緣呈現乾淨自然的完美狀態。

◆足部表皮推進器NT＄2600：兼具多重用途便利功能，滿足所有足部表皮修飾、推動、清潔、掘起、挖起、保養上等各種多樣化需求。

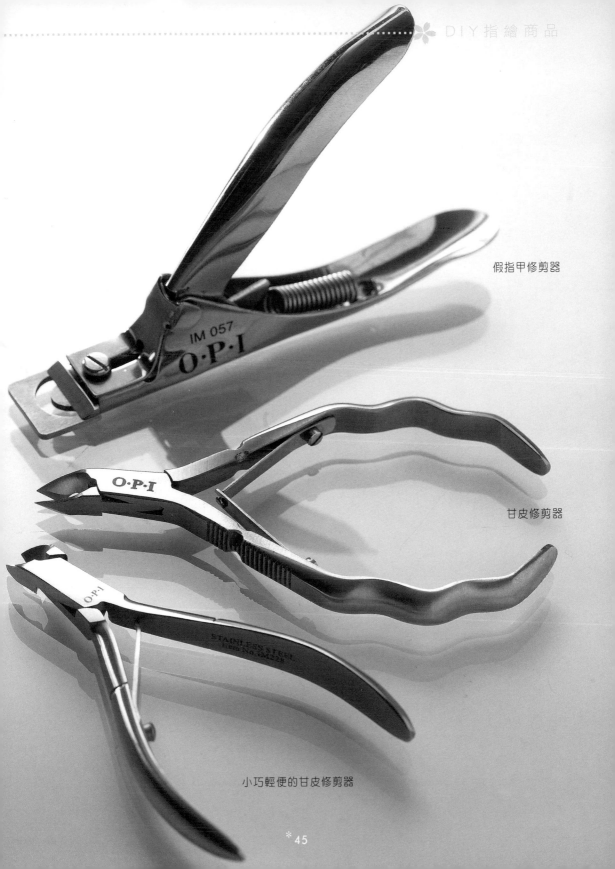

假指甲修剪器

甘皮修剪器

小巧輕便的甘皮修剪器

◆尖頭雙邊清潔器NT＄2600：獨特的尖頭雙邊靈巧設計，提供指緣、指面絕佳精確的清潔，是針對細部清潔的最理想工具。

◆雙面表皮推進器NT＄2600：獨一無二的雙面推板，讓雙面雙邊推板呈現互相支援的獨特功能，其大推面和小推面、背對背相連以及同樣相連末端的單一整合設計，更將多功能融合設計發揮的淋漓盡致。

◆敏感型表皮推進器NT＄2600：精巧唇型邊緣設計，防止因推棒使用不當時，傷害到指甲根部的母體組織而精心設計，不但將工具對表皮的不適感降到最低，更是敏感性表皮的不二選擇。

◆搓棒邊緣修整器NT＄1900：融合功能與現代美感的造型，能夠迅速、精確與講究衛生的方式，將搓棒尖端、邊緣不平整部分，快速移除而平滑，發揮搓棒更高的使用功效。

◆重複使用表皮推棒NT＄190（2支裝）：對於去光水、丙酮、其他液體產品有抵抗力的頂端設計，不但利於呵護表皮且利於清潔、消毒，富有彈性的頂端更於搭配手部消毒一起使用時，達到絕佳的使用效果，造型輕巧便於攜帶。

◆攜帶式修整工具包組合NT＄22000：喜愛旅遊的朋友們假期中不可或缺的必需配備——精製的皮革與造型，完整的修整工具，滿足行程中所有對美指的需求。

◆修整工具教學錄影帶：這麼多創新、多功能的指甲保養技術和工具，在教學影帶裡，將讓你學會所有正確的使用方法，好好寶貝你的美麗指甲。

←重複使用表皮推棒

←尖頭雙邊清潔器

↖敏感型表皮推進器

↑雙面表皮推進器

↑手部表皮推進器

↑搓棒邊緣修整器

↑足部表皮推進器

錯誤卸甲，很傷指甲
CHOOSE GOOD TOOLS.

臉部卸妝非常重要，那卸指甲油或卸甲片呢？

臉部的卸妝，會影響膚質的健康——其實，卸除指甲油或是卸甲片，更是會不會傷害指甲最基礎、最根本的原因。小小的指甲，傳遞了健康的訊息，提前預警，讓我們早期發現，有更充裕的時間去改善調整健康，但是，往往因為指甲只佔了人體極微小的比例，而被嚴重的忽略，它正幫我們發出求救的訊息。（請參閱P.21至26）

使用劣質不含天然成分的去光水，不但卸除之後，劣質的化學成分，造成健康的指甲面慘遭破壞，指甲面留下乾燥慘白的色澤之外，如果，指緣附近有傷口，更可能嚴重造成指甲生長及身體的健康。卸甲，是最具影響性傷害指甲健康的過程，為自己挑選品質良好，且具天然保護效果的去光水，不但是兼顧完美造型與健康的最佳方法，同時也是最佳決定。

常常被覺得不重要，而省略的消毒與清潔，最可能造成讓人煩惱的細菌感染——因為沒有消毒與清潔，創造出髒污與細菌無限滋生的機會。尤其，在沙龍做水晶指甲或是其他人工指甲時，更應當注意，專業美甲師是否使用良質的消毒商品消毒？是否使用消毒過的工具為你服務？正確的清潔方式與消毒，是幫自己健康把關最該堅持的要求。

◆去光水NT＄130／290（30ML／120ML）：含蘆薈精華可協助滋潤指甲及表皮肌膚，清新怡人的薄荷馨香配方，可在不造成污點和刮痕的狀態下，迅速的去除指甲油。此O.P.I去光水不會稀釋丙烯酸，不可以拿來當指甲油稀釋液使用。

◆筆刷清潔劑NT＄380（1FL）：在每次使用完之後，徹底的使用好的筆刷清潔刷具，不但保護刷具並保持刷具的最佳使用品質狀態，更可以延長刷具的使用壽命。

◆上色輔助器NT＄380（6組裝）：慎選具有舒適質材的上色輔助器，不但可以輔助上指甲油時更為便利舒適，還可讓指甲油不會沾染到其他指甲或指緣上。

◆桌面清潔棉墊NT＄1270：在享受DIY的樂趣時，可以考慮準備拋棄式桌面棉墊，來保護桌面或其它放置地方的整潔。以先進科技製作無痕接縫的天然棉質觸感，可用來吸收筆刷上多餘水分，維持筆刷使用的便利與清潔，還可用來去除筆刷上多餘液態或粉狀的殘漬。

◆專業刷清棉片NT＄400（150片裝）：卸除指甲油時，選擇經過專業消毒製造的棉片，具有高吸收度的使用特性，可在不易破裂的情況下，輔助去光水快速輕易的去除指甲上的指甲油或污漬；若使用如丙酮等其他稀釋劑，擁有同樣的不易斷裂功能。

◆SWISS BLUE藍色洗手乳NT＄450（12ML）：良好的清潔，能給予DIY更為專業的呵護與製作上的安全。專業抗菌洗手乳，溫和的配方，盡管多次使用也不會傷害寶貝肌膚，能徹底將手部細菌完全清除，還可將手部因濕氣所衍生的細菌亦迅速加以清除。可於DIY前清潔使用，也可用於DIY之後清除化學殘留物使用。

◆SWISS GUARD手部消毒凝膠NT＄480（120ML）：DIY製作前的手部消毒是非常重要的，使用凝膠式消毒液，能維持保濕並同時達到消毒的功效，其消毒殺菌配方完全符合FDA標準，在整個執行過程期間，能減低過敏現象和防止細菌孳生，是無水狀態時保護肌膚與指甲不錯的消毒殺菌產品的選擇。

專業沙龍指甲油與一般指甲油差別在哪裡？

NAIL OR POLISH

市面上的指甲油琳瑯滿目，從路邊攤30元一罐，到頂級專業沙龍級指甲油一罐450元以上，不但價差大，品質也差別很大，擦在指甲上的質感也有明顯的不同。

◉ 測試指甲油小祕法

　　準備一張一般的A4影印紙或是石蕊試紙，將指甲油塗刷在紙張或試紙上。等塗上的指甲油乾了之後，將紙張或是試紙翻到背面，你將會發現：專業級指甲油會在試紙上附著一層油脂，一般的指甲油則不會產生。油脂主要的功能是保護指甲表面，留住指甲表面的水分，不破壞及造成指甲面的傷害，可輕易卸除附著於甲面的指甲油。

1. 使用石蕊試紙測試指甲油的品質好壞：分別將一般指甲油與專業指甲油塗在石蕊試紙的正面。

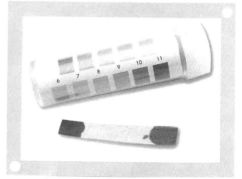

2. 等塗在正面指甲油乾了之後，將試紙翻到反面，專業的指甲油會在試紙上附著一層油脂，一般指甲油則沒有。若用一般A4測試，也會有同樣的測試結果。

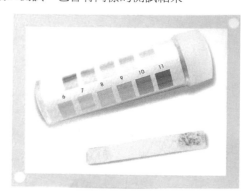

專業指甲油與一般指甲油差別在哪？

專業指甲油主要的成分來自於貝殼、礦石等較昂貴的天然質材，除了能夠照顧到指甲健康之外，在色彩上也有豐富多元的變化，無論在色彩呈現的飽和度、色澤密度，都展現與眾不同的自然光澤感。一般的指甲油，必需考量製作原料的成本，指甲油的組成成分會用化學原料取代較昂貴的天然成分，同樣是產生指甲油色彩的成分，但對指甲的保護差異很大。有部分業者更以價取勝，以工業用的化工原料填充，引起指甲病變的機率相對提高，對健康的影響當然也更高。

在包裝容器的設計上，專業用指甲油，精心考量到使用者的便利性，量身訂做符合人體工學的瓶身造型，並使用具有維護指甲油品質的優質質材。一般指甲油，瓶身造型五花八門，普遍使用普通的玻璃材質，不但容易因溫度的變化產生滲透性物質破壞指甲油品質，更談不上符合具有維護指甲油品質的設計功能。

專業用指甲油的瓶蓋設計，質材精挑優質美奈瓷成分，具有防滑功能，以符合人體工學的便利性為設計基礎，使用上駕輕就熟，且能確保整個瓶蓋的密封度維護品質。獨特專業的刷頭設計，提供刷毛沾取適量指甲油，可以更迅速平均塗刷在指面上，展現出平滑無紋和無殘留的完美指面，更沒有刷毛脫落的情況。相較之下，一般指甲油，製造成分的明顯差別，且並不強調使用功能上的便利設計，有時刷毛掉落甚或留下刷不勻的刷痕，不但上色上的不好看，不好的製作原料，還可能引起指甲病變影響身體健康。聰明的消費者，千萬別因小失大，而造成指甲健康無法彌補的傷害喔！

圖片提供：O.P.I

專業指甲油刷子圖說

　　全球知名的頂級O.P.I專業護甲系列中，擁有深受好評的O.P.I ProWde刷頭，是經由精確設計且特殊成型的將刷毛校準集中，獨一無二扁平刷毛的精緻密集豐厚，創造出既平滑又平坦的專業刷面。獨特的創新設計，提供刷毛沾取更適量的指甲油，而且可以更迅速平均的塗刷在指面上，展現出平滑無條紋和無殘留的完美指面，已深受專業推崇、佳評如潮。

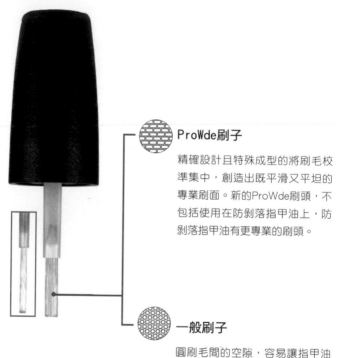

ProWde刷子

精確設計且特殊成型的將刷毛校
準集中，創造出既平滑又平坦的
專業刷面。新的ProWde刷頭，不
包括使用在防剝落指甲油上，防
剝落指甲油有更專業的刷頭。

一般刷子

圓刷毛間的空隙，容易讓指甲油
殘留下刷紋。

正確保存指甲油，能讓指甲油使用品質更穩定

　　一般比較潮溼、悶熱的氣候環境，非常容易造成指甲油品質損壞——尤其，當你發現，瓶內的指甲油形成雲朵狀時，表示指甲油已經壞了，千萬不能再繼續使用喔。想要維持指甲油的品質不易損壞，或是延長使用的時間，應將指甲油收放在陰暗通風乾燥的收納箱或是抽屜內，或是避免放在太陽照射及高溫的空間；尤其像是廚房裡加溫煮沸的家電旁、浴室內或是夏季時隨手擱置車內，都不適合。而使用後，養成將瓶蓋蓋緊的良好習慣，蓋瓶前記得將瓶口殘留的指甲油以去光水擦乾淨，不但有助於瓶蓋的完全密封，日後也不會有因瓶蓋沾附指甲油而打不開，造成整瓶指甲油無法使用的現象。

☀ 自然指甲最佳造型大公開

生活中的每件大小事，雙手、雙腳都能讓萬事具備，在依賴他們默默付出同時，更需要加倍的寶貝和呵護。讓自然指甲展現絕色美麗，為完美造型留下極致的驚嘆號，非他們不可。

★尖形：這是過去被公認為最能讓指甲及手型看來修長的指甲造型，但實際上卻是最容易使指甲因外力斷裂的造型。

★圓形：能改善部分尖型指甲的缺點，但仍因有修磨造型的關係，造成指甲前端斷裂的問題很難改善。

★橢圓形：這種形式，除了創造出指甲修長的視覺效果之外，又因為指甲前端兩側修磨程度減到最低，指甲強度最不受到影響，而能適時顯露指甲基礎保護的功能，指甲因增加了長度，而修飾了手指的纖長感，顯得格外優美，非常適合東方人的指型。

★方圓型：略顯方圓的造型感，增加指甲與手指的中性修長感，而指甲前端修磨程度很低，強度更勝於橢圓形。

★方型：方型，是所有指型中最為強壯的造型，也是最容易設計彩繪圖案的甲型。由於自由緣的長度是甲床長度的二分之一，顯現出長而優美的比例，但方形的造型略帶粗曠個性感，彩繪的創意可做適度的調整與發揮。

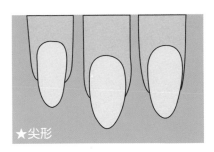
★尖形

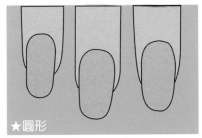
★圓形

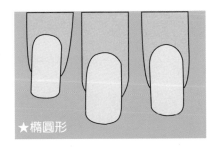
★橢圓形

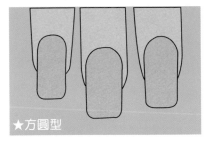
★方圓型

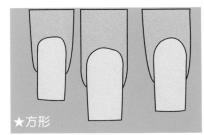
★方形

插畫JOE

8大沙龍明星品牌

Creative Nail Design

創辦的歷史經過

CND(Creative Nail Design簡稱)於1979年由Dr.Stuart S.Nordstrom 在美國洛杉磯正式創立，年資雖僅二十五餘年，但早已是專業手足及人造甲業界的優秀領航者。

CND是水晶人造甲的創始者，身為美甲師的你不得不知水晶人造甲的由來，在這炫彩晶透美麗的人造甲背後，有著一個少為人知的故事……

故事發生於1970年代美國加州，一位至今深受美甲業界所景仰愛戴的Nordstrom博士身上。Dr. Nordstrom是一位著名的牙醫師，某天他在看診時，他為一位從事美甲的病患補牙，當時此病患問：「牙齒斷裂可以修補，那指甲斷裂可以修補嗎？」這一句話給了Dr. Nordstrom靈感，開始著手找尋答案；然而補牙的琺瑯粉調合溶劑可以附著在牙齒上，但卻無法附著在指甲上，為了解決這個問題，Dr. Nordstrom利用晚上的時間，在家中的車庫裡（當時為Dr.Nordstrom專屬的小型化學實驗室）不斷地實驗，憑藉著醫學的優秀背景和棄而不捨的精神，終於完成，他創造了人類史上的第一瓶人造甲配方，當時人們稱它為「秘密配方」—— 一瓶完全安全為指甲所設計的修補配方。Dr. Nordstrom許了它生命並取名為Solar Nail（Solar水晶造甲系統）第一代的CND水晶造甲系統，能延長指甲長度、加強指甲彈性的優質產品。經由大學的化妝品應用管理學系成功測試了這項產品，並受到美國政府相關機構的認證，CND正式誕生。當時Solar Nail是一個震撼美甲業界的新產品，廣受人們的喜愛。CND從此成為Dr. Nordstrom的家族企業，所有家庭成員全力投入，第一張訂單就在博士家的飯廳做出貨準備。

CND創立後的七年間，公司業績蒸蒸日上，每年以倍數成長，因此CND也由家族經營轉型企業化管理，並正式成立CND專屬產品研發中心。至今，CND仍是全世界美甲廠商中擁有專屬產品研發中心佼佼者。產品創新從第一代CND Solar水晶造甲系統，擴展至第四代的CND Moxie水晶造甲系統，每一代都具備革命性的改變。產品的範圍也從專業水晶造甲擴展至光療造甲（Brisa Gel System）、手足Spa保養系列、自然甲保養系列、色彩及零售等，已經成為全世界最完整的美甲產品線。同步於世界60餘國銷售，創造全球之週邊營收效益達新台幣200億元以上，被全世界公認為手足美甲頂級品牌。

品牌特色

　　CND成功要素除了具備完整的公司架構，還有兩大特點，分別敘述：

　　第一，具備效率的R&D產品研發中心（Research & Development），由Mr. Doug Schoon 領導，現任ANAS（American Nail Associations）顧問，主管NFC（Nail Factory Council）部門，因熟悉所有的產品元素及法律規定，可做事先準備，預測市場發展趨勢，研發新產品。以最新 最優的成分取代既有產品，使整個產品線更完整、更專業、更具效果。以穩定優越的品質超越 GMP95%標準達到99%，更獲頒ABAS多屆最優產品獎。CND每推出一項新產品隨即在業界 刮起一陣旋風，其Spa Pedicure（足部海洋SPA系列）及Spa Manicure（手部嫩白SPA系列）更 榮獲ABBIES多項殊榮。CND產品系列中百分之八十都是世界銷售冠軍，包括手足SPA系列、 Formation Tip（多功能甲片）、Liquid & Powder 人造水晶甲系列、Brisa Gel System光療造甲 及Scentsations花果香保濕乳系列等。

　　第二，專業完善的的教育體制。由TEAM CREATIVE教育團隊領導，成員囊括美、英、 德、歐、澳等國世界比賽冠軍。嚴格培訓世界300餘位國際講師，遍佈各國從事專業教育，傳遞 同步訊息。所有國際講師皆需通過CND Boot Camp ——業界知名的魔鬼訓練營，成為全球聲 名遠播嚴格執行技術教育的專業美甲廠商。在CND體制中，「教育不是一種形式，而是一種文 化。」唯有不斷的學習成長，才能維持專業國際水平。

　　CND一路走來以關注專業美甲師與消費者的需求為原則，創造優質產品。同時，著重於 養護自然指甲和皮膚的健康為首要，以提升手足的美麗與質感。CND專業手足系列完整，優質 產品加上精美包裝，不僅獲得專業美甲師的肯定，更深獲一般消費者的好評。CND將秉持追 求完美、力求卓越、創新科技持續研發創新產品，成為永遠的專業美甲頂級品牌。

創辦的歷史經過

　　德國LCN醫學科技，創立於1914年，近100年的歷史見證，在全球擁有無比的影響力。LCN創辦人Michael Kalow（麥克·科隆）和Bettina Hillemacher（蓓蒂娜·希樂曼）的理念即秉持著德國一貫嚴謹細密的企業精神，以具生技醫學美容權威的頂尖研發團隊，製造極精密細微嚴格的產品品質。一直致力於研究與發展高科技、創新且富特色而又迎合市場需求的專業手足產品，專業與研發能力並非一般的化妝品公司可比擬。

　　1985年LCN分拆成兩個獨立的主要事業體，「LCN醫學科技」及「LCN化妝品」，而LCN品牌就代表了一所以醫學科技背景研發產品及提供專業優質服務的企業。LCN品牌盛名與忠實的消費群早已遍佈全世界各地，其成功受愛載的主要因素，就是擁有近100年醫學專業研發手足殖甲產品與生產，於手足殖甲行業裡建立起專業優質的品牌形象。於1985年更成為歐洲首間製造及發行指甲密封、矯形及修補的高效能光療指甲樹脂系統的生產公司，以LCN之名風靡全球。

獲德國專業美容大獎

嚴格執行德國國家優良
生產工序

LCN高效能光療樹脂之原料已通過德國及瑞士
毒性品質測試，証明對皮膚絕無傷害性

五常法註冊機構

品牌特色

首創3程序光療指甲樹脂，為現時世界上最先進仿真甲之樹脂系統。LCN的高效能光療指甲樹脂在對人體無害的紫外線 α 下接合於真甲表面，其卓越的堅韌度和耐用性，近乎真甲的彈性、超凡的生機接受率，是現今業界中仿真甲技術的尖端。LCN光療樹脂之原料已通過德國及瑞士毒性品質測試證明對皮膚無傷害性，並於1999年獲得德國專業美容大獎。嚴格執行德國國家優良生產工序。自設研究及發展部，並與數所德國著名大學緊密合作，保證製造有創意及安全的產品。目前全球超過100,000家專業美甲及美容沙龍每天使用。由專業及國際認可的指甲導師主理及教授提供國際級的專業美甲技術課程的培訓，並提供全面性指甲、手部、足部及體膚護理產品予全球 專業指甲師選擇及銷售。

LCN創辦人之一Bettina Hillemacher（蓓蒂娜‧希樂曼）更屢屢受邀於全球各大媒體專欄發表手足美學，同時也是專業手足書籍作者。其著作有「Krankhafte vernderungen des nagels（指甲病害的變化）」等。

1996年亞洲台灣區總代理「萊迪凱絲國際有限公司」將LCN品牌專業產品引進國內已10年，在台北市永康街設立有「萊迪凱絲指甲培訓教學中心」及「ST. MORITZ聖茉里滋示範沙龍」，提供有光療樹脂殖甲、法式水晶指甲、指甲彩繪、指甲修飾、手足護理等。專業完整的指甲造型及手足培訓課程，LCN百種以上專業手足產品一應俱全。在台灣培育出無數的專業美甲師，更擁有近300家的經銷據點，是眾多影歌星政商名人指定使用的頂級專業品牌，消費者更是不計其數。

LCN堅持的專業理念「手足指甲的形狀、指緣甘皮倒刺、乾皺細紋、腳跟厚繭等，都已反映出這個人的特質。手足是整體神情的終極表現，LCN讓生命中第一次出現美麗的手足，並堅持給每位消費者專業醫療護理般的品質」。

*59

O·P·I

創辦的歷史經過

　　1981年George Schaeffer成立O.P.I之初，在流行時尚裡，透過指尖所創造出的完美造型是完全不受重視，也沒有地位的！憑藉著創造美麗指甲，在時尚美感裡佔有一席之地的深切熱望，George Schaeffer不畏當時的困境，朝著心中所勾勒出的遠景藍圖前進，意志堅定以Los Angeles為乘著理想起飛的夢想之地。

　　George Schaeffer首創以保護指甲研發產品的創新概念，堅持以專業成分及最嚴格前衛的技術製造生產，專研同時保護健康與引領時尚潮流的新色彩、新產品，並持續深入瞭解消費者不同的健康需求，不斷提供更完整嚴選高水準的專業商品……，除此之外，非常體恤重視員工的休閒、福利等，成就出全球消費者對O.P.I的信任與愛戴！

　　自1981年起，O.P.I在North Hollywood,California從僅有30坪的小辦公室，到今日成長4000倍，依然逐年持續成長，風靡全球62個國家，成為深受每位國際巨星到任何場合，熱愛並指定搭配使用的國際頂級品牌！George Schaeffer在25年間，實現了他夢想中的美麗王國，更造就了如今O.P.I縱橫時尚，榮耀全球的高品質品產品。

◐ 品 牌 特 色

　　早於1970年間，美國藥物食品管理局「US Food and Drug Administration(FDA)」曾收到嚴重皮膚感染 及指甲受損或鬆脫投訴。並已將Methyl Methacylate Administration簡稱MMA，中文稱為「甲基丙烯酸甲酯」列為有害即有毒物品，並對所有商品回收及有關人等採取法律行動。

　　George Schaeffer，憑藉過往深厚牙醫醫學研發生產技術基礎，專研新技術，研發出NO MMA的新科技產品，領導全球消費者遠離MMA的傷害！

　　不但如此，更陸續，專研出系列創新突破性商品，如：首創富含維他命營養成分強韌養護的護甲油系列，讓指甲獲得更好的保護及健康！量身專研設計，不油膩、易吸收、預防龜裂，純 天然酪梨菁華萃取的精品乳液！深獲專業市場好評的水晶粉系列等等……，O.P.I全程以最嚴格的研發中心與自營工廠品管生產，製造完美結合健康生活需求的產品，並精密設計迅速安全的強韌保護包裝機制，即使透過全球遠程配送服務網絡，每位消費者收到的商品依然完好如新！George Schaeffer，對商品高 標準品質的嚴峻要求，誠如O.P.I.盡情極限追求完美的認真態度，與捍衛保護消費者健康美麗的永續承諾，數十年如一日般恆久堅定。

　　深受國際時尚巨星喜愛的O.P.I，與國際巨星們一同參與無以計數的大小Fashion Show與膾炙人口的電影製作，目前更是時尚巨星名模們，日常美妝中不可或缺的最愛！

　　O.P.I每季自200個顏色中，精心挑選出與當季fashion結合的最新主題色彩，除了迷人的系列品名及提供未來時尚最新趨勢之外，更以全球任何地理位置研發設計不同創意與質感的商品，如：領先創造霧面質感的指甲油，恍如置身英國濃濃迷濛氣息的英國主題系列，地鐵系列……等等，親和跨越美國以外的國度，獲得廣大迴響與共鳴！而一年2000場以上的全球巡迴國際教育，將O.P.I 歷久彌新的專業優質品質，跨越國界傳遞，充滿驚艷變幻莫測的品牌魅力！時尚，似乎因O.P.I指甲油，將整體造型推上光燦極致，也更淋漓傳達出勝於言語的 極盡魅惑神韻！蟬連全球多年NAIL PRO評比報導，擁有風靡全球超凡魅力的專業指甲油銷售冠軍的O.P.I，實至名歸！！

essie®

● 創 辦 的 歷 史 經 過

　　Essie Weingarten(艾西‧溫卡登)是Essie Cosmetics的創辦人——一位成功的企業女強人，對於顏色和時尚的需求有著卓越的鑑賞力，她總是滿腦子繽紛絢麗的色彩計劃和充滿創意的點子，Essie產品已成為高級SALON和SPA喜愛使用的產品。在成功品牌背後，總是有著一連串感動人心的故事，Essie幼時，因從商的父親驟逝，全家的經濟支柱落在母親肩上，在母親獨立撫養下，讓Essie比同齡的孩子更加早熟及提早開始接觸如何做生意，Essie繼承了父親的生意頭腦，她的第一份工作是在HENRI BENDEL擔任採購，她的熱情完全展現在顏色的搭配運用上，終於她發現指甲油的顏色變化完全可以滿足她對流行色彩的表現，Essie指甲油這些令人讚嘆的迷人色彩塑造她今日非凡的成就。

　　Essie對「手」有一種迷戀，她的口頭禪總是說：「只要你有一雙保養得宜的玉手，你就是走在時代的尖端，一雙手是身體部位最會表達情感的地方，它會幫你說出任何你想說的話。」因此，時至今日Essie仍不斷追求更完美的顏色，讓女生可以達到讓自己變得更漂亮的夢想。

◎ 品 牌 特 色

在創始之初Essie憑著僅有的12色指甲油親自拜訪拉斯維加斯所有頂極的沙龍,說服他們使用Essie的指甲油,在一傳十,十傳百的好評下,Essic不褪色不脫落指甲油迅速度捲美國Salon及SPA,包括紐約市、芝加哥及洛杉磯,造成一股流行的旋風。Essie產品很快就吸引了時尚雜誌的注意,各種時尚雜誌專欄編輯採訪接踵而來,甚至新聞電視台的龍頭CNN也做專輯播出Essie經典色系介紹,包括有名的「股市色系」都成為最熱門的話題。

Essie的色彩基本上是來自於她本人對於時尚的直覺、走秀靈感以及客人最直接的需求,不管在美國田納西州或日本大阪,Essie超過500色的指甲油色彩是搭配引領潮流的絕佳指標。當被問到如何尋求指甲油名稱的靈感(如 HOTSEE TOTSEE、CHOCOLATE KISSES、JAZZ),Essie簡潔有力的回答:「我要的指甲油不是只要名稱而已,而是在你眼中所見,生活上任何事物,都會讓你想起Essie,就是Essie魅力焦點所在。」

1981年艾西·溫卡登創立了Essie化妝品,從兒時就迷戀指甲油的Essie,在12歲第一次做手部護理「我想我是那位美甲師最年輕的客人。」從此以後,指甲油就成了Essie唯一的最愛,在執著和熱情的趨使下,Essie創造出無數動人的色彩,艾西·溫卡登和她的伙伴登克斯索提諾創造了一個成功的美甲品牌,在全世界50,000家專業沙龍和SPA享有盛名,從以12色指甲油和3種保養品以一 對一為客人販售開始,Essie開始獲得專業美甲師的認同與支持。Essie指甲油同時擁有持久不褪色及如此豐富色彩提供選擇的指甲油,Essie席捲了時尚界的眼光,從名模、記者,甚至於超級明星如瑪丹娜、辛蒂克勞馥、莎朗史東、珍妮佛羅培茲、小甜甜布蘭妮等,都成為Essie忠實愛用者。

1993年Essie合法擁有現在的長方玻璃瓶,2000年她將她的名字正式雕鑄在玻璃瓶身上,從此,所有愛美女性手上都有Essie的美麗印記。

創 辦 的 歷 史 經 過

美國FPO公司創立於1998年，創辦人Larry Gaynor先生，結合一群熱愛美髮、美甲的夥伴共創FPO王國，成立初期以美髮專業用品成功的開拓美國市場。FPO以滿足顧客需求及追求頂級專業沙龍而自許！傾聽消費者聲音，進而引領卓越品牌，不斷精研高品質的專業美甲、美髮產品，並提供最具競爭力的價格，時尚流行訊息、創新概念、品質保證等，奠定FPO永續經營不斷自我提升的原動力。

FPO位於美國密西根州，總佔地5000坪，建構良好完整的生產線，並擁有龐大的研發團隊，實驗室及化妝品師等。天然植物藥品研究中心、更集結了各有專長的美療師，經長期不斷的研究及開發，FPO創新產品系列，包含美甲、美髮、SPA及儀器等，優質的研發團隊及技術支援創新，使FPO擁有走在時代尖端且風格獨特的產品，並行銷全世界，讓FPO在全球專業沙龍及零售市場領域站穩一席之地。

FPO致力在專業美容領域創造新品牌形象，並提供專業產品及行銷支援，例如：定期的巡迴世界做商品教育訓練、國際代理商專業進修課程、舉辦美髮、美甲流行派、強化銷售能力提昇經營目標、高業績規畫等，共同建立長久的合作關係，共享穩固策略結盟及創造世界流行趨勢，發揮創意以力臻品質上的完美，是FPO一直堅守的原則。

FPO自許成為代表時尚流行的指標，為了提升全球代理店的流行嗅覺，不定期的舉辦美髮、美甲時尚秀，確保產品永遠具革命性。只要加入FPO多元化的品牌行列，就可使您的事業版圖更加穩定成長！FPO規劃各系品牌囊括廣受喜愛的超人氣商品，創新的專業沙龍級商品等，均受到專業美容業界一致的肯定，更藉由全球性的形象廣告、專業教育技術支援，奠定無可比擬的產品保證。FPO本著多元化創新及多元化經營，奠立FPO事業發展的要素。直到今日FPO依然秉持「只製造及買賣最佳品質的商品，買賣講求公道的利潤，並追尋有眼光欣賞這種商品的顧客」的哲學，因此，從產品到售後服務，無一不充滿卓越品質以及典雅品味，不但樹立了美國風格標準，更成為許多白領階級心目中的最佳品牌。

◖ 品牌特色

　　代表性指繪商品PINNACLE系列，在保養商品中致力於高效保濕效果及修復肌膚光澤。美甲師及專業人員可藉由手足保養課程，提昇客人的服務滿意度及創造利潤，針對女性族群特別研發 果香、花香保養品系列，從洗手乳、滋潤乳液、去角質霜、護手霜、指緣營養油、炫麗指甲油等，PINNACLE呈現齊全保養產品，符合市場之需求。

　　PINNACLE炫麗指甲油，顏色飽和、毛刷好用、超閃亮、超光滑、不褪色不脫落、速乾是本品最大特色，共有77色，深受美國指甲沙龍喜愛。而NXT Level水晶粉有著最優質特性，粉末細緻、操作容易、速乾、好塑型，是專業美甲師的最愛。使用NXT水晶粉，可呈現光滑自然的效果、好雕好塑型、省時又省力，是最新款的速乾水晶粉產品。NXT水晶粉必須和PINNACLE的水晶溶劑一 起搭配使用。

　　Lightbox光澤凝膠組合，是特別為專業美容沙龍所設計的商品，當在密閉式的商業空間裡，無法進行水晶指甲的製作時，可使用此產品做出完美的指甲。無異味、不需修磨、沒粉屑、維 持性高，不易翻開、防紫外線、操作簡易，完成後即擁有閃亮Lightbox Nail光澤的指甲！

JESSICA
FOR THE BEST NAILS

◐ 創 辦 的 歷 史 經 過

　　潔西卡——Jessica創辦人出生在羅馬尼亞，雙親為亞美尼亞人。潔西卡在1962年時赴美接受傳統的歐洲教育，包括手部、足部與指甲美容。這些學習轉化成為她的一生成就所在，使她有意念去創造自然美甲保養體系，以平衡美麗與效率。

　　Jessica擔任美甲師已有三十餘年，這三十多年來，她不斷的思考指甲的根源及研究指甲的生長。Jessica深深了解指甲的各種性質及保養方式，於是在1969年成立了潔西卡美妝國際公司，並開始推廣及教育專業美甲師及消費者指甲的重要性及了解指甲性質。

　　潔西卡系統與眾不同，她是首位將指甲的保養運用在診療課程之內，因為，潔西卡認為指甲保養跟臉部保養事實上是相同的，必須要有固定時間及課程去保養它，它才會一直維持在最健康的狀態之下，所以在潔西卡的專業課程裡，認為美甲師應是專業的指甲診斷醫生，而非只是區區的美化指甲的美甲師。因而上過潔西卡課程或潔西卡教過的店家並非稱為沙龍，而是稱為指甲診所。在美甲領域裡，堪稱診所的也只有潔西卡指甲診所，別無分號。潔西卡是產品與市場革命的先驅之一，耗資龐大，自1969年成立至今，創立了全球首家專業指甲沙龍診所。也號稱是第一與 唯一的專業美甲沙龍診所，並快速掀起了一股美甲新浪潮，連同旗下的商品迅速竄紅。

What believes in custom everything
hates a fake or a phony
and is seen in all the right places?

The Upscale Nail

Only from Jessica.

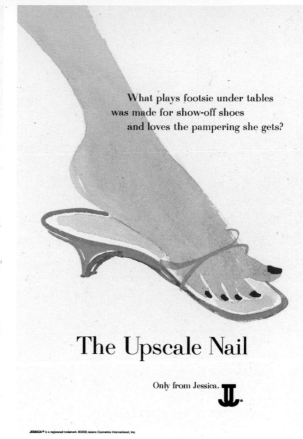

What plays footsie under tables
was made for show-off shoes
and loves the pampering she gets?

The Upscale Nail

Only from Jessica.

品牌特色

　　來自美國的美甲品牌Jessica成立已有三十多年的時間,潔西卡深深明瞭要如何讓她的產品與體系,成為全球首屈一指的頂尖公司。如今,在美國Jessica早已成為美甲知名品牌,而潔西卡美妝國際公司的創始人與總裁——潔西卡·法塔罕,更被美國紐約時報以「美甲界的第一夫人」擁有最真實的美國成功經驗形容。

　　而位於美國洛杉磯日落大道上的潔西卡美甲診所更是美名遠播,許多名人只要一試即變成為主顧客,品牌全球知名。包括了多國的第一夫人如希拉蕊夫人、電影明星,如好萊塢女星芮妮齊薇格、黛咪摩爾、莎朗史東、布蘭尼墨菲,巨星瑪丹娜、名模如辛蒂克勞馥,都常常光臨,是JESSICA忠實的愛用者。JESSICA SYSTEM一系列的產品,以豐富多樣的顏色及完整的手足保養商品受到頂極美甲師一致推崇,潔西卡倡導的美麗概念,回歸於最基礎的保養,其中護甲產品更針 對不同的體質給予指面完整的修護,手足保養系列更是從淨化到修護、美白、保濕一氣呵成,這樣頂級的照顧手足讓歲月不只在臉上不留痕跡,也讓歲月在手足上不留痕跡喔。

　　無疑地,當初來自羅馬尼亞的潔西卡,如今已經樹立了她的品牌,並徹底的深耕並改變了傳統的保養觀念。

ORLY®

◐ 創辦的歷史經過

　　ORLY歐莉指甲護理產品是由Jeff Pink於1975年在美國所創立,當時正是指甲護理產品工業萌芽階段,市場上十分缺乏所有關於指甲護理產品來滿足需要。傑夫·平克帶領一群頂尖的化學家、皮膚科醫師、美容師、色彩學家、產品設計師等團隊,並選用最好的產品配方,研發的指甲護理產品滿足了所有美甲師及時尚界愛美的女性,成功改革了當時的指甲護理產品。

　　歐莉所生產的產品中第一個專業系列是「羅密歐」,它是最早的專業液狀絹布修補液,專門處理指甲凹凸不平或極易斷裂的指甲面問題,接著,又推出了專業實用的「指甲填補油」,這為歐莉自然指甲護理產品奠立了良好的品牌地位,在美國已有26年的悠久歷史,並於指甲護理界的全球知名度逐年成長。直到現在還是有很多愛美女性其實並不知道原來在甲面上是有如此細膩專業的產品來處理問題甲面的美化功能,而這些發明早在26年前就發源了。

◐ 品 牌 特 色

　　歐莉秉持著過去光榮的傳統並不斷地研發創新,從創新發明的產品如羅密歐、指甲片填平劑和最原始創作法式指甲,歐莉用心創新出指甲護理業的新設計。來自巴黎走秀及電影明星造型的靈感,「法式指甲」提供典雅自然的指甲樣式,非常適合靈活的搭配各式場合造型,一直到現在仍是暢銷的長賣性商品,迷人剔透的質感,不會太過華麗卻很醒目,深受所有女性喜愛。

　　歐莉以專利的Gripper Cap(橡皮蓋)從柔軟的橡皮塑造型,高輪廓的瓶蓋,方便手指更輕鬆握住,使可以順暢的控制刷子,平穩的上色,使用每次上 色都有100分的效果。歐莉全彩色系超過80種顏色,款款動人,達到 十全十美的上色境界。歐莉備齊了所有指甲問題所需的指甲護理產品,包包括:防止紫外線的防曬指甲油、針對愛啃指甲者所設計的苦甲水、對指甲薄軟設計的鈣質強化油、迅速滲透快乾指甲油、甲皮軟化劑、營養甲綠的潤甲油、男士專業甲油、各式造型的專業搓板等。

　　在開發和創新商品的過程中,歐莉已成為天然指甲護理產品的絕佳選擇,奠定了在全世界的傑出聲望,並持續榮獲各項大獎,包括10座ABBIES AWARDS獎座,再次證明歐莉是美甲產業的品牌領導者。今年奧斯卡頒獎活動上眾多明星 如歌星Jessica Simpson、影星Shannon Elizabeth、影星Taryn Manning等都是ORLY的愛用者哦!

　　歐莉創造出如比佛利山莊指甲款、美式指甲款,以及一些高貴的古典款式豐富了指甲油的生命、使其更具活力。

Odyssey Nail Systems

◉ 創辦的歷史經過

　　ONS起源於美國，為世界三大水晶指甲品牌之一，為許多國際知名美甲師所喜愛的指定品牌。來台推展已有4年。

　　Trang Nguyen於1999年在美國自創品牌ONS-Odyssey Nail Systems，在美國發展時的他，由於是亞裔的關係，往往受到不平等的待遇。當時即激勵自己，一定要開創出一個屬於自己的品牌，讓自己在亞洲市場上揚眉吐氣。再加上熱愛教育的他已訓練出無數位國際知名美甲師，而他在透過教育的過程中，激發靈感，發展出新的IDEA和技術與創意，任何一個環節都是ONS品牌創造的原動力！ONS在全世界有許多熱情的美甲教育師，不斷地研發新技術，然後在ONS完整的機制下讓他們能夠共同測試，所以ONS的品牌是目前仍不斷研發新的技術與新產品的品牌。

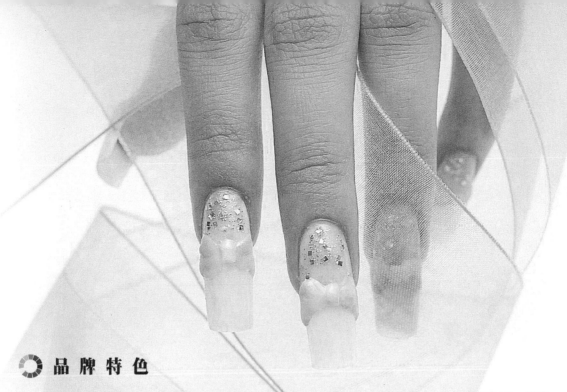

◉ 品牌特色

　　ONS一系列水晶指甲產品，五顏六色的閃彩水晶粉，讓美甲師能盡情地搭色與混色，創造出 更動人、迷人的水晶彩繪指甲，短短的幾年內，ONS在美甲市場已造成轟動流行，現在日本、韓國、台灣、美國、歐洲等世界各國，都可以買到ONS產品，尤其是國際比賽指定品牌。ONS建立在供給最高級產品和最高層教育，Trang Nguyen相信只有好產品、正確教育和技術才能讓藝術指甲發揚光大，培訓更多美甲師。

　　產品特色以「專業、細緻、無臭」為主要訴求。水晶指甲為ONS最為得意的一項特色，欲將最完美的水晶指甲推向世界各地，推廣水晶指甲教育，讓美甲師和消費者能夠更進一步了解水晶指甲便是ONS創辦人最大的宏願。ONS的創辦人Trang Nguyen，從事美甲行業已有20年，曾得過120個以上的國際比賽大獎，Trang Nguyen不斷地周遊列國，展示他獨創特有的水晶彩繪，而他所擅長的水晶指甲總是令人驚艷不已，嘆為觀止。Trang Nguyen 創立ONS則是希望以正確的教育和技術才能讓藝術指甲發揚光大。

　　Trang Nguyen 一生的宗旨是——Made by the Best for the Best。

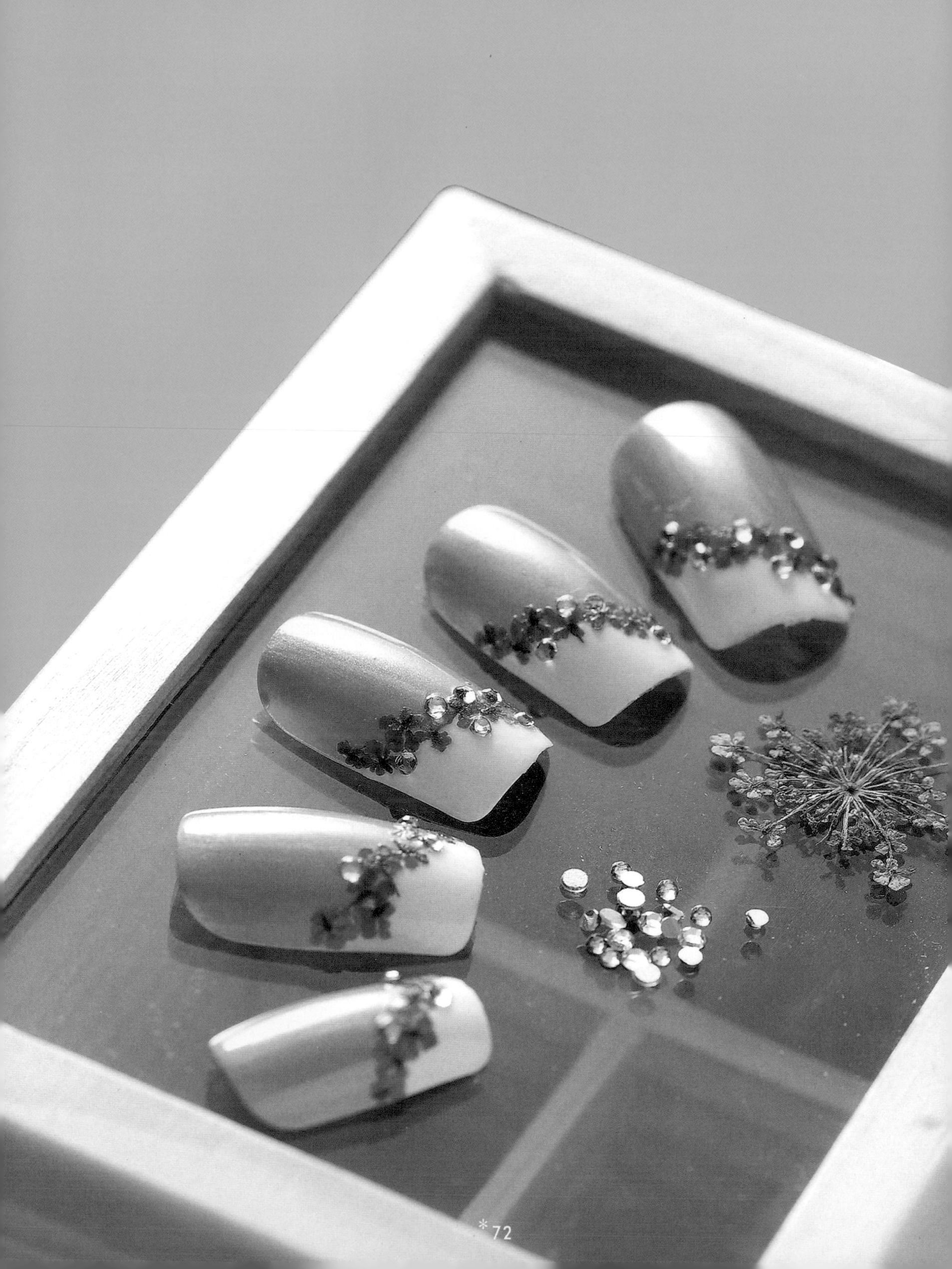

成為ＤＩＹ SPA 達人的美麗祕密

成為ＤＩＹ SPA 達人的美麗祕密

正確的按摩步驟，選擇品質值得信任的保養商品，再加上一點點投資自己更具魅力的小小時間，想要成為美麗極致DIY-SPA達人，擁有令人羨慕晶透肌膚，一點也不難喔！

◐ 居家護理〔春夏手部護理〕

■護理產品：潤甲油、安瓶、手部磨砂霜、冷膜
■輔助品：毛巾、棉紙、PE膜

每日保養順序

＊潤甲油
1.在十隻手指指緣部份擦上專業潤甲油。

＊護手霜
2.輕柔擦上護手霜，滋潤肌膚。

＊PE膜
3.包上PE膜，敷5分鐘，寶貝呵護雙手。

每週保養順序

＊去角質
1.輕輕塗上去角質商品，細心為手部去除老舊角質。

＊潤甲油
2.為十隻手指指緣擦上潤甲油。

＊美白安瓶
4.將美白安瓶滴在手上，均勻塗抹按摩。

＊冷膜
3.塗上冷膜，鎮定舒緩肌膚。

◐ 居家護理〔秋冬手部護理〕

■護理產品：潤甲油、晶瑩透亮保濕乳、滋潤手膜
■輔助品：毛巾、棉紙、PE膜

每日保養順序

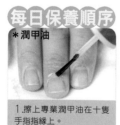
＊潤甲油
1.擦上專業潤甲油在十隻手指指緣上。

＊護手霜
2.塗上護手霜滋潤肌膚。

＊滋潤手膜
3.敷上滋潤手膜，更加呵護。

＊PE膜
4.包上PE膜敷5分鐘，深層滋潤。

每週保養順序

＊去角質
1.輕輕擦上，去除老舊角質。

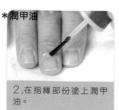
＊潤甲油
2.在指緣部份塗上潤甲油。

＊滋潤手膜
3.按摩敷上滋潤手膜。

＊PE膜
4.包上PE膜敷5分鐘，幫助深層滋潤。

居家護理〔春夏腳部護理〕

- ■護理產品：消毒噴霧、潤甲油、足底滋潤霜、厚繭軟化劑、液狀磨砂霜、冷膜、冰涼霜
- ■輔助品：毛巾、棉紙、泡腳盆、足搓板

每日保養順序

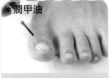
＊潤甲油

1.在十隻腳指指緣部份擦上專業潤甲油。

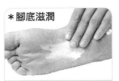
＊腳底滋潤

2.輕柔擦上腳底滋潤霜，滋潤腳部肌膚。

＊腿部冰涼霜

3.塗抹冰涼霜，鎮定舒緩肌膚。

每週保養順序

＊厚繭軟化

1.塗上厚繭軟化，軟化角質。

＊腳底護理

2.用足搓板去除足底厚繭。

＊去角質

3.去角質霜，去除老舊角質。

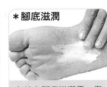
＊腳底滋潤

4.抹上腳底滋潤霜，徹底滋潤。

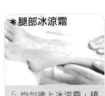
＊腿部冰涼霜

5.均勻塗上冰涼霜，鎮定呵護肌膚。

居家護理〔秋冬腳部護理〕

- ■護理產品：消毒噴霧、潤甲油、足底滋潤霜、厚繭軟化劑、液狀磨砂霜、按摩乳液
- ■輔助品：毛巾、棉紙、泡腳盆、足搓板

每日保養順序

＊潤甲油

1.在指緣部份擦上潤甲油，滋潤輕按。

＊腳底滋潤雙

2.均勻塗抹滋潤霜，按摩呵護。

＊腿部乳液

3.乳液延腳部往上塗抹到小腿，完整滋潤。

每週保養順序

＊厚繭軟化

1.塗上厚繭軟化，柔軟肌膚。

＊腳底護理

2.用足搓板去除足底厚繭。

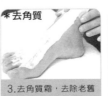
＊去角質

3.去角質霜，去除老舊角質。

＊腳底滋潤

4.塗上滋潤霜，徹底滋潤。

＊腿部乳液

5.輕輕抹上乳液由腳部延伸至小腿。

拋出晶透粉嫩的健康指色
SHOWING NATURE COLOR.

　　神奇的拋光棒「磨棒」，簡單的兩面設計，所創造出晶透粉嫩的指面效果，讓人上癮！但是，錯誤的拋光方式，可是會造成小小指面的很大傷害喔！

　　第一次使用拋光時，應將整個指面都輕輕拋過，不要只拋某個面或角度。第一次與第二次拋光，最好間隔一星期以上！第二次再度拋光時，只需要拋沒有拋過的部分，不要重複，不然可是會將指面磨的太薄而造成傷害喔！拋光時，指面如有感到熱感，表示磨擦力量太大，使用方式錯誤；或是使用到不好品質的拋光棒，或者是磨棒已經因應使用過度要汰舊換新了！

　　拋光最主要的目的，是為了去除甘皮角質皮屑，不要造成指面有色素的沉澱，所以在拋亮後一定要上護甲油，保護可能因工作而產生指面的磨損喔！

拋光準備工具：

＃240拋光棒【磨棒】單支 NT：250～500
雙面拋光棒【磨棒】單支NT：160～550
指緣油 NT：450～900
絲補 NT：450～900
營養強化護甲 NT：450～900
護甲硬甲劑 NT：450～900

1.輕輕的，如沒有棉屑或是不必修指型等，此步驟可跳過不必做。

2.使用綠色面，輕輕來回拋除甲面細微汙垢、皮屑，約來回2次即可。

3.用白色面拋光，來回2次即可，不能有熱感。

4.拋光後的圓潤又晶透粉嫩的指面！

5.上指緣保養油。

6.以螺旋狀的輕輕按摩指緣部份。

7.銀白色為底色的基礎色，加上純白圓珠貼。

如：有溝紋的甲面，應選擇絲補性質的護甲油；指甲薄又軟，可使用硬甲油，保護指甲；甲面沒有溝紋但指甲薄，前端又易形成兩層碎裂，可選擇具有營養強化功能的護甲油，或再加上一層硬甲油強化防護也可以。

完美指甲油，升級你的百分百自信！
PERFECT NAILS SHOWING YOUR 100% CONFIDENCE.

挑選能夠盡情展現完美時尚品味的指甲油色彩，將引發出令人難以言喻的舉止魅力，性感自信盡在指間流露無遺！

◑ 指甲油怎麼上才會上的好看？

指甲油要上得閃亮耀眼，正確的步驟可是不能忽視！通常有四種情況會造成指甲油 上得效果不好，如：指甲角質沒有清潔、上指甲油之前沒有上護甲油、指甲油的品質不 好或是快過期成黏稠狀、劣質指甲油的刷子不好或是拿得角度不對！指甲油上得好，指 面會呈現均勻平滑沒有刷痕的閃亮光感，展現出指面非常耀眼及晶透的柔亮質感，而擦 得不好，會感覺指甲厚重沒有光澤水感，使用到不好的指甲油，則會難刷又難乾還會有 粗糙的刷痕。在選購指甲油時，應盡量選擇具有天然成分沙龍級的專業指甲油，既能保 護指甲又能創造完美造型！

◑ 指甲油稀釋小祕法

挑選有品牌、品質良好的稀釋液，一次加入3~5滴即可，加入後要立刻搖晃均勻！ 完成後將瓶蓋打開，筆刷朝下數數1、2、3，看看指甲油會不會很順的由筆刷前端滴出1~3滴的指甲油。如果有，表示加入的稀釋液適量；如果加的過量，可以將瓶蓋打開，讓 稀釋液揮發，隔天指甲油再度黏稠之後，再加入適量的稀釋液稀釋。路邊攤或是夜市一 罐10元的稀釋液，不適合加在指甲油內，不但會破壞指甲油還會傷害指甲，千萬不要為 了貪便宜而讓自己的指甲受到損傷了喔！

有時，指甲油不小心就乾得很快，丟掉又很浪費可惜，這個小祕法可要與好朋友分享！

正確上指甲油的步驟

拋光準備工具：

1. 橘木棒 NT：50～200
2. LOVE 指甲油 NT：250
3. 指甲油 NT：450
4. 護甲油 NT：450～900
5. 護甲油 NT：450～900
6. UV指甲油 NT：500～900
7. 去光水修飾筆 NT：130～500

步驟

1. 挑選喜愛的指甲油色彩，選取適量指甲油。

2. 選一正面，將刷子往瓶口內側壓剩一半指甲油。

3. 擇其反面「有指甲油的那面」，往外壓到底，順勢把刷面壓寬。

4. 壓到刷面有1/4份量，剛好上天然指甲「真指甲」一層甲面的量。

5. 刷面背面不要有指甲油！

6. 上指甲油在甲面時，將刷子往下輕壓，要撐開刷面。

7. 利用刷子上沒有指甲油或較少指甲油的部份，輕刷邊緣部份，讓指甲油更不易由指尖脫落。

8. 以一樣的方式上第二層指甲油。

9. 塗上可以抗UV保護指甲的透明護甲油。

10. 使用去光水修飾筆，修整指緣不小心沾黏的多餘指甲油。

正確卸除指甲油的步驟

準備工具：

1. 卸甲油 NT：450～900
2. 指緣油 NT：450～900
3. 營養強化指甲油 NT：450～900
4. 小剪刀 NT：150～500
5. 小夾子 NT：150～500
6. 鋁箔紙 NT：150～300
7. 棉花 NT：50～250
8. 橘木棒 NT：50～200
9. 磨棒＃240 NT：250～500
10. 拋光棒 NT：180～500

步驟

1. 輕先將棉花沾取去光水，敷在有指甲油的指面中央，約30秒至1分鐘後往外輕推。

2. 如指面有大型的亮片或是貼飾、貼紙等，裁取適當大小的鋁箔紙，將手指放在中央！

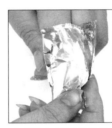

3. 將沾有去光水的手指包裹起來。

4. 將整個指面包裹起來，時間約需3~5分鐘！

5. 時間到後，輕壓指面往外輕拉。

6. 卸後乾淨的感覺。

小朋友適合擦指甲油？

　　小朋友的新陳代謝快、活動量大、指甲軟，上指甲油之後很容易剝落，或在嬉戲中咬指頭而將指甲油吞下去，不建議幫小寶貝們上指甲油！如果遇到特殊節日想幫可愛的小朋友做造型，以使用有天然成分的專業品牌指甲油，或是可即刻卸除的兒童專用甲片為選擇的重要參考！

百變酷炫，從甲片開始吧！PART I

NAIL TIPS WITH NUMEROUS COLORS AND VARIETIES.

不同圖案色彩的創意甲片，總能在任何場合創造出意想不到的注目焦點，為精心搭配的服裝，畫上超完美的時尚驚嘆！想要擁有這樣獨 特的美麗時尚，絕不能錯過正確的卸除與黏貼及保養技巧。

甲片的黏貼，一般大致分為甲片膠和雙面膠兩種。甲片膠因粘性較強，可黏貼在指面時間也較長，可以不用當天卸除，適合參加短期聚會活動、時間較短的度假旅遊或是沸騰情緒有隔夜歡渡計劃的舞會！而雙面膠黏貼的甲片，因有黏度與碰水可能會脫落的受限，較適合當日結束型態的社交活動或是狂歡舞會等。

在黏貼時，千萬要注意甲片與指緣、指面、甘皮間C弧度的密合服貼度，並且要以30~45度的角度緊密黏貼，以免造成指面與甲片間有空氣縫隙，因洗手、沐浴等因素而產生出水氣滋生黴菌感染！而甲片膠的選擇，以有品牌或是成分標示清楚的專業甲片膠商品為主，一般市面上的3秒膠或是其他膠類，不可以使用在黏貼真指甲與甲片間。夜市或是路邊攤販售的10元甲片膠，成分原料不清，最好不要因貪便宜而使用，造成日 後指甲的病變。

在活動中因任何外力因素，造成甲片的斷裂或脫落，請務必以OK繃或繃帶固定覆蓋指面，千萬不要用力拔掉，造成指甲的傷害，盡速以正確的卸除方式卸除甲片，隨身帶簡單的卸甲工具，或是盡速前往美指沙龍卸除，是絕佳的應變與保護方法。在卸甲之後，一定要擦上具呵護功能的指緣油，適度按摩，修整指型上護甲油，再進行下一次的甲片黏貼。

使用甲片膠黏貼甲片

準備工具：

1.磨棒NT：160～500

2.去光水NT：130～300

3.甲片膠NT：50～500

4.小剪刀NT：150～500

5.橘木棒NT：50～200

步驟

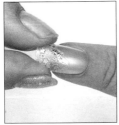

1.比對甲片尺寸，比對時注意甲片的弧度是否與自己的甲面弧度相符。

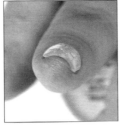

2.指緣、甘皮與指甲面的C弧度是否相同相符。

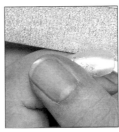

3.修磨甲片弧度不和的部份。

4.上適量的膠。

5.注意黏貼甲片時需要以30~45度的角度黏貼！

6.貼上後，順指型按壓住約1分鐘。

7.以橘木棒沾適量去光水擦拭溢出的甲片膠，擦完去光水後不要忘了以清水清潔擦拭掉有去光水的部分，即可完成！

甲片膠卸除甲片

準備工具：

1.卸甲油 NT：450～900

2.指緣油 NT：450～900

3.營養強化指甲油
　 NT：450～900

4.小剪刀 NT：150～500

5.小夾子 NT：150～300

6.鋁箔紙 NT：150～300

7.棉花 NT：50～250

8.橘木棒 NT：50～200

9.磨棒＃240 NT：250～500

10.拋光棒 NT：160～500

步驟

1.剪掉甲片多餘部分，不要用力過度，注意角度不要剪到真指甲。

2.先將棉花沾取卸甲液，敷在指面中央。

3.將沾有卸甲液的手指以鋁箔紙包裹起來。

5.將整個指面包裹起來，約需5~10分鐘！

5.時間到後，輕壓指面往外輕拉。

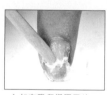

6.如有殘留塑膠甲片，用橘木棒輕輕推掉。

7.表面如有殘留可以用＃240磨除。

8.拋光後的圓潤又晶透粉嫩的指面！

雙面膠卸除甲片

準備工具：

1.拋光棒「磨棒」NT：250～500

2.橘木棒NT：50～200

3.指緣油NT：450～900

4.護甲油NT：450～900

5.磨棒NT：160～500

步驟

1.先泡水溫約40度的溫水5分鐘左右。

2.用橘木棒輕輕推開甲片。

3.卸後乾淨的感覺。

百變酷炫，從甲片開始吧！PART2
NAIL TIPS WITH NUMEROUS COLORS AND VARIETIES.

樣式多種的KISS&BROADWAY甲片，風行全球許多國家，已經設計好的色彩圖案， 可以盡興挑選適合當日心情或服裝場合的造型搭配，也可省去自行DIY的時間，適合臨 時決定的社交活動、舞會或是有時不想動手彩繪甲片，又想擁有百變玩美造型的不錯選 擇。在全省屈臣氏均有販售，售價NT：360～590。

準備工具：

1.Kiss時尚足趾甲片 NT：360

2.Kiss豹紋磨甲板 NT：75

3.Kiss RED乾皮修整組 NT：240（一組NT：199）

4.Kiss RED專業指甲剪（手單支NT：99 腳單支NT：130）

5.Kiss基底&表層護甲油 NT：220

6.Broadway自黏甲片 NT：390

手部步驟

１.將甲片輕放於指甲上比對大小 選擇比指甲稍小的甲片。

2.將甲片邊緣以45度角對齊指緣 按壓貼牢。

3.黏貼完成後以磨甲板修整甲片前端使線條平滑。

4.在甲片擦上一層表面護甲油。

腳部步驟

5.以指甲剪將趾甲剪短。

6.挑選合適大小的甲片將甲片按壓於趾甲上 兩側邊緣都有將趾甲遮住即可不要超出。

7.在甲片會接觸到趾甲的部分均勻塗上黏膠。

8.將甲片邊緣以45度角對齊趾緣貼上。

9.將握把以上下的動作折除不要用扭的。

10.以磨甲板修整甲片前端。

11.在甲片上擦一層表面護甲油保護圖案。

12.簡單擁有高雅大方的法式美麗雙腳。

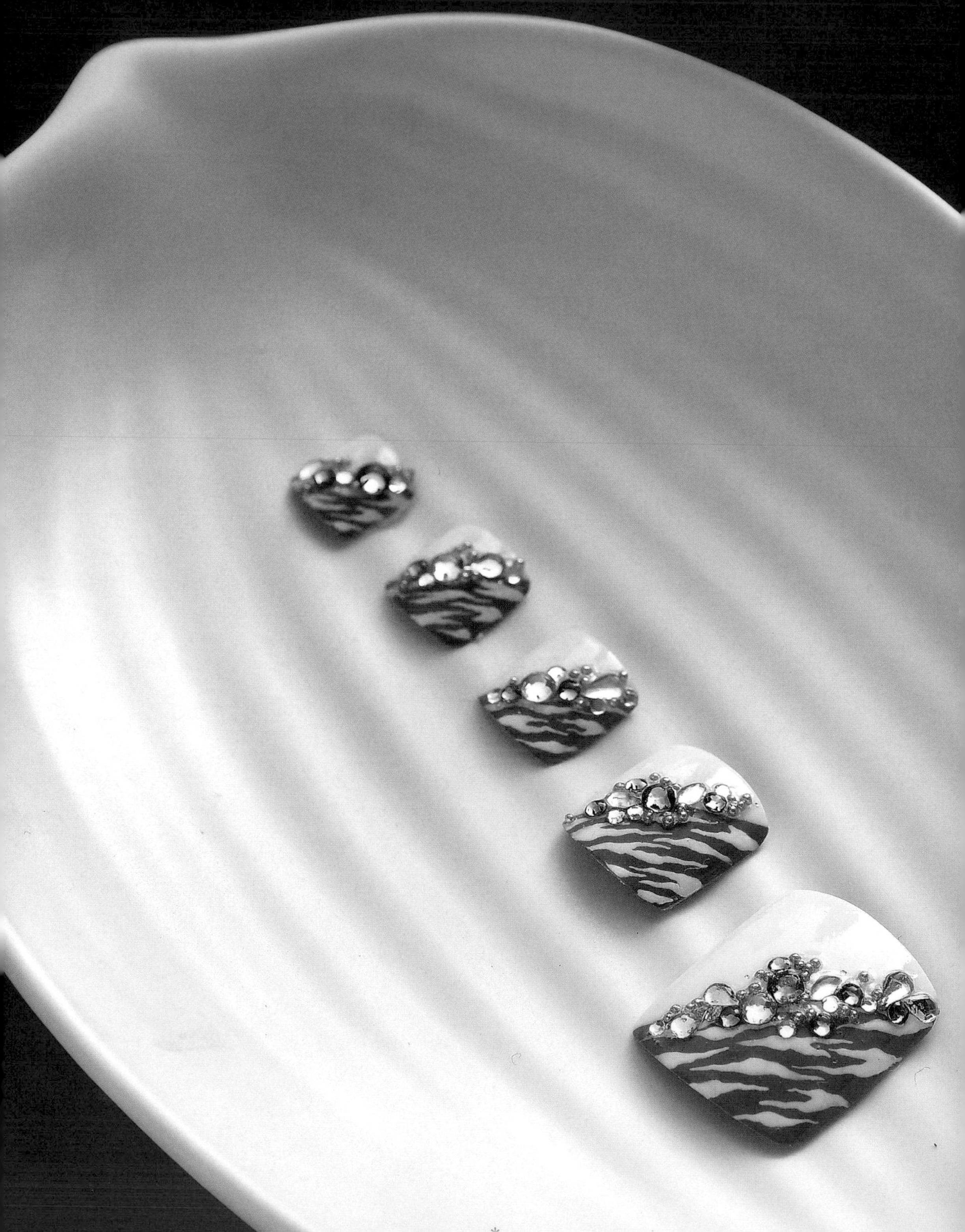

DIY 妝彩甲片

必學絕招妙用大公開

必學絕招妙用大公開

必學絕招妙用大公開

DIY 妝彩甲片

1.白色指甲油為底色,斜邊式的藍色指甲油上色,以線條筆畫上紅色線條。

2.在藍色位置畫上藍色星星,藍色邊緣部份加上亮片線條。

3.貼上星星亮片。

STAR

FLAG

飄揚國旗風

作品設計=十分之一美學

1.以區塊狀畫上構思好的圖案線條及不同的色彩。

2.使用線條筆，在區塊狀色彩描上輪廓線。

3.貼上鑽飾，並塗上透明指甲油即可完成。

作品設計＝十分之一美學

ABSTRACT

抽象密語

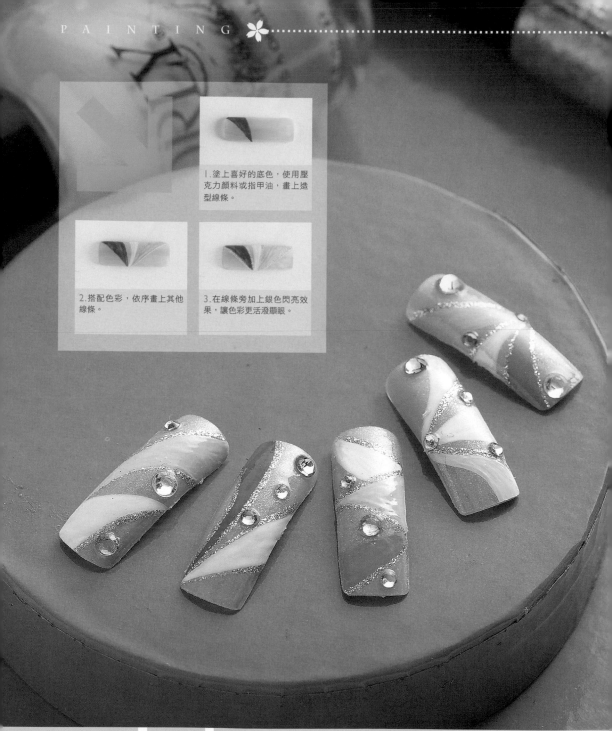

1.塗上喜好的底色,使用壓克力顏料或指甲油,畫上造型線條。

2.搭配色彩,依序畫上其他線條。

3.在線條旁加上銀色閃亮效果,讓色彩更活潑顯眼。

rainbow

愛戀彩虹

作品設計=凱瑞莎兒藝術指甲沙龍

1.紫色為指甲油的底色,再塗上銀色亮片的指甲油。

2.選擇深、淺不同紫色顏料,畫出菱形區塊。

3.在菱型區塊邊,畫出白色虛線,並裝貼出半圓珍珠增加變化。

作品設計=璀璨美甲小舖藝術沙龍

classic

經典風尚

1.用透明指甲片,塗上淡粉色指甲油,先滴上紅色圓點後接著立刻滴上白色圓點。

2.使用細尖筆狀工具將顏料向內畫,即成混色狀花朵。

3.貼上小珠飾品,使用亮片指甲油點綴甲片創意。

作品設計=十分之一美學

happy days

情定花漾般甜蜜

1.以瑰麗的底色搭配亮粉指甲油，表現出層次效果。

2.使用白色指甲油，輕刷小條紋。

3.最後再使用牙籤，沾點小白點。

作品設計＝凱瑞莎兒藝術指甲沙龍

fireworks

相遇在煙火繽紛

1.畫上各1/2白色&紅色指甲
油，中央用金蔥畫線，白底
畫紅色草莓。

2.紅色部分畫上可愛的粉色
草莓。

3.畫上白色點點，再以白
色、粉色鑽飾裝飾。

Your Sweet Co

sweet conection

甜心童話

作品設計＝璀璨美甲小舖藝術沙龍

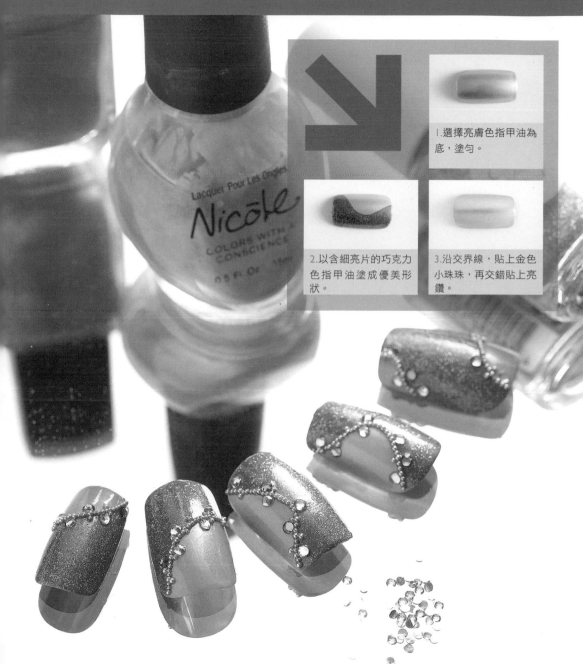

1.選擇亮膚色指甲油為底,塗勻。

2.以含細亮片的巧克力色指甲油塗成優美形狀。

3.沿交界線,貼上金色小珠珠,再交錯貼上亮鑽。

品設計＝Love Nail Institute

the night

晶燦夜豔

1.塗上粉色指甲油後，
再塗上亮蔥指甲油。

2.貼上造型金箔點綴。

3.在雙角上畫上不規則
井字，再畫上白色紅心
小花。

flower
season

留住花舞紛飛的季節

作品設計＝璀璨美甲小舖藝術沙龍

1.塗上白色指甲油，以拓印方式壓上藍色和紫色圓點狀。

2.畫上小櫻桃和小梗。

3.擦上亮光指甲油即可完成。

作品設計＝璀璨美甲小舖藝術沙龍

the rurality
溫馨田園氣息

1.用白色指甲油畫出V字,V
字邊緣畫上金蔥,再擦上亮
蔥指甲油。

2.V字中央貼上蝴蝶結貼紙。

3.在另一端貼上白色蝴蝶結
貼紙及小鑽。

作品設計＝璀璨美甲小舖藝術沙龍

innocent

回到如夢似幻的純真年代

1.上勻底色,貼上大粉紅晶鑽,表現出櫻桃的果實。

2.白色小水鑽象徵小梗。

3.綠色的小水鑽,猶如可愛嫩綠葉,襯出櫻桃果實。

作品設計=凱瑞莎兒藝術指甲沙龍

loving

愛在晶凍澄燦

1. 塗勻嫩綠底色，以黑色水晶鑽表現蜻蜓的眼睛，淺金色表現身體。

2. 白色水晶鑽呈直線排序，表現出尾巴感覺。

3. 選用水滴型鑽飾，並排呈飛舞的翅膀，上亮光指甲油即可完成。

作品設計＝凱瑞莎兒藝術指甲沙龍

dragonfly

綠草如茵中輕盈飛舞的可愛蜻蜓

1.底色塗勻嫩黃指甲油，將方鑽定位在想表現的位置。

2.可依個人喜好，貼上不同造型的鑽飾，可上下排列或是左右延伸。

3.排列出十字架的溫馨作品。

作品設計＝凱瑞莎兒藝術指甲沙龍

royal
gold

典藏濃濃宮廷花園的淡淡清香

1.選擇亮橘色指甲油為底,塗勻。

2.以細亮片指甲油畫成銀河狀。

3.再貼上愛心造型片、線條貼紙及小鑽,塗上透明指甲油即可完成。

the elegant

作品設計＝十分之一美學

與優雅共度悠閒午后

1.在指甲上塗上粉嫩底色，再使用白色指甲油畫出雲朵狀。

2.在白色雲朵邊緣，點上圓珠。

3.選用水滴狀鑽飾，拼貼成花朵狀，再塗上透明指甲油！

作品設計＝Love Nail Institute

the autumn

秋 霧 迷 漾

1.以水藍色指甲油為底，再覆塗銀色亮片指甲油。

2.貼上藍色水鑽，並以小水鑽圍繞於藍色水鑽。

3.以水鑽拼貼成優美曲線，記得塗上透明指甲油喔！

作品設計＝十分之一美學

deep

蔚藍海岸的藍色情懷

1.用淡紫色指甲油塗在透明甲片。

2.使用六角亮片，整齊排列貼上。

3.再貼上半球玻璃珠，增加甜美度即可完成。

作品設計＝ONS藝術美甲學院

dreamy

超 夢 幻 甜 美 公 主

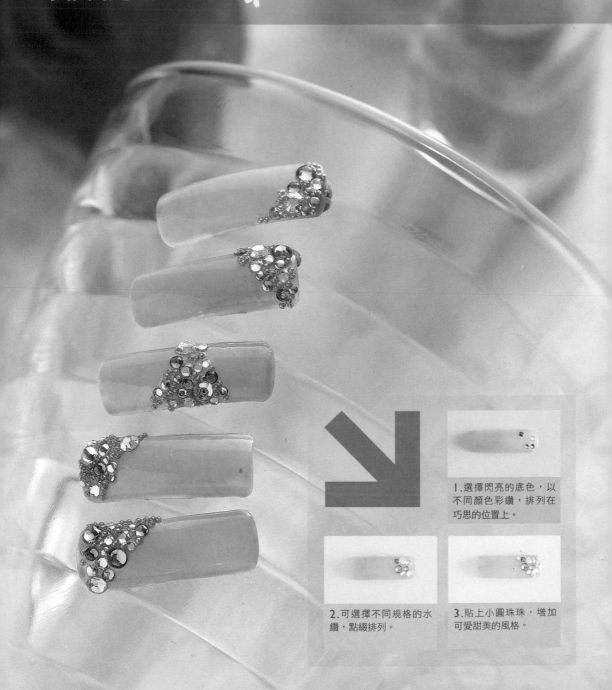

1.選擇閃亮的底色，以不同顏色彩鑽，排列在巧思的位置上。

2.可選擇不同規格的水鑽，點綴排列。

3.貼上小圓珠珠，增加可愛甜美的風格。

作品設計＝凱瑞莎兒藝術指甲沙龍

sunshiny

閃耀陽光般迷人甜蜜熱情

1.上勻深紫底色,沿著指尖輪廓,排列水晶鑽飾。

2.第二排貼上不同色彩小鑽。

3.依序貼上呈塔狀的不同尺寸、造型鑽飾,上亮光指甲油後即可完成。

Beautiful

藏不住的誘人夜豔

night

作品設計＝凱瑞莎兒藝術指甲沙龍

1.使用淡褐色&淡橘色做暈染效果。

2.在指緣位置貼上金色小珠珠，設計成項鍊的感覺。

3.項鍊內貼上桃紅、粉紅等大小不一五彩寶石裝飾點綴。

作品設計＝ONS藝術美甲學院

luxurious

散發古典華麗的驚豔氣息

1.以桃紅色寶石貼滿甲面。

2.在桃紅色寶石上再貼上黃
色寶石,增加造型層次感。

3.選擇適當位置排列整齊貼
上。

作品設計＝ONS藝術美甲學院

dear lover

無法抗拒的濃情誘惑

1.銀白色為底色的基礎色,
加上純白的圓珠貼飾。

2.以小珠圍繞設計成可愛造
型。

3.再另一端加上斜線式的拼
貼。

作品設計＝十分之一美學

forever

許下純真的永恆諾言

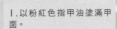

１.以粉紅色指甲油塗滿甲面。

２.使用蕾絲貼紙貼在指尖前端，再放上半圓真珠，增加甜美的感覺。

３.在另一端貼上蕾絲貼紙，便完成夢幻甜美公主造型。

作品設計＝ＯＮＳ藝術美甲學院

my honey

今 生 唯 一 的 夢 幻 甜 美 公 主

1.使用亮橘色指甲油,塗滿甲面。

2.用黑色彩繪顏料,寫上英文LOGO或文字。

3.貼上黑色蕾絲,性感的氣氛完全烘托出來。

作品設計=ONS藝術美甲學院

fatal attraction

搖滾浪漫狂野誘人婚禮

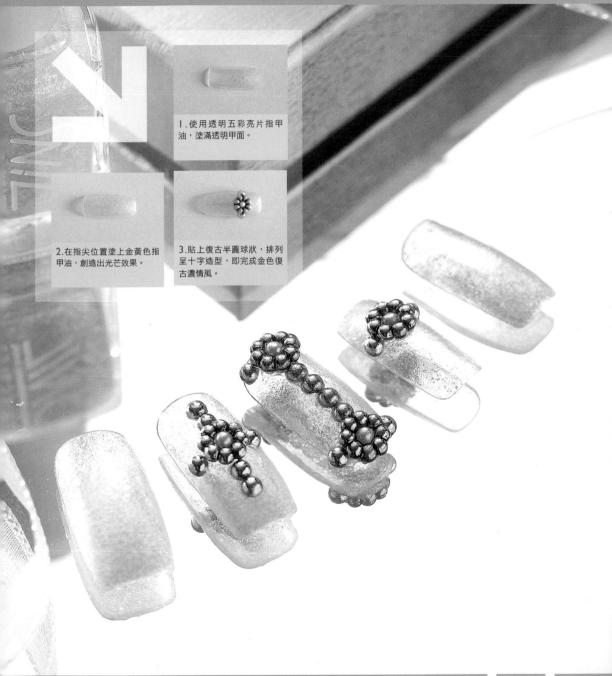

1.使用透明五彩亮片指甲油，塗滿透明甲面。

2.在指尖位置塗上金黃色指甲油，創造出光芒效果。

3.貼上復古半圓球狀，排列呈十字造型，即完成金色復古濃情風。

作品設計＝ONS藝術美甲學院

gold
金色復古濃情

1.明亮的黃色指甲油為底，
塗勻。

2.以少許甲片膠，在角落貼
上橄欖石水晶。

3.設計小塊面積位置，黏貼
排列出優美的型感。

prairie

曠野情人的柔情呼喚

作品設計＝Love Nail Institute

1.塗上銀白色的指甲油，貼上表現民族風的土耳其水藍大石。

2.在水藍大石周圍貼上金色圓片，呈現華麗風格。

3.於上、下、左、右，各延伸排列水鑽，使風格更神祕耀眼。

作品設計＝凱瑞莎兒藝術指甲沙龍

the secret

揭開土耳其藍的神祕風情

1. 在透明甲片的指尖前端，先用含六角亮片指甲油塗成曲線狀。

2. 用深藍色打出波浪感，再接以寶石藍做暈色效果。

3. 以淡藍色銜接兩色暈染完整設計，接上精心製作的金魚吊飾。

beach

作品設計＝ONS藝術美甲學院

許自己一個浪漫海洋假期

1.使用帶細晶粉的白色指甲油,塗滿甲面。

2.用紅色圓型亮片為創意設計。

3.排出不對稱感,兩端都可發揮創意,創造出更活潑的整體感。

REVITAL

作品設計=ONS藝術美甲學院

entice red

危險紅色情挑

1.粉嫩的花香色彩為底色，
塗勻。

2.以純白色指甲油畫出斜向
的法式造型。

3.在兩色界線上貼上小乾燥
花＆亮鑽，記得上亮光指
甲油喔！

作品設計＝Love Nail Institute

ramble

想念那天漫步花開時分

1.選擇柔亮的黃色指甲油為底,塗勻。

2.在適當的角落位置貼上乾燥花。

3.以尺寸較小乾燥花,貼滿法式自由緣的區域,再挑選亮鑽點綴出閃耀感。

作品設計=Love Nail Institute

fragrance

花香蜜糖

1.選擇豔麗的桃紅為底色，上色要均勻。

2.乾燥花貼成花園中的排列狀。

3.在周圍適當位置，再貼上小乾燥花及造型銅片，上亮光指甲油即完成。

flowers

剎那永恆的花語紛飛

作品設計＝Love Nail Institute

1.甲片塗勻白色的指甲油。

2.以鮮綠的指甲油在對角塗成三角區塊。

3.在中間留白位置，貼上造型貼紙，拼貼出繽紛感。

colorful

共赴繽紛天使彩色邀約

angel

作品設計＝Love Nail Institute

I.將白色指甲油為底，塗勻甲面。

2.土耳其藍石貼在中心位置，外圍繞上一圈黑色的小珠珠。

3.在四個垂直方向貼上黑色馬眼石，再搭配其他鑽飾。

mystery

作品設計＝Love Nail Institute

古文化的神祕遐想

1.快速擦上黑色指甲油，未乾前，選好位置盡速塗上對比的白色。

2.以牙籤輕輕勾拉出抽象的美感線條。

3.貼上具構圖美感，尺寸充滿變化的小鐵圈，即可完成。

blazing
midnight

作品設計＝Love Nail Institute

點燃無盡黑夜炙熱

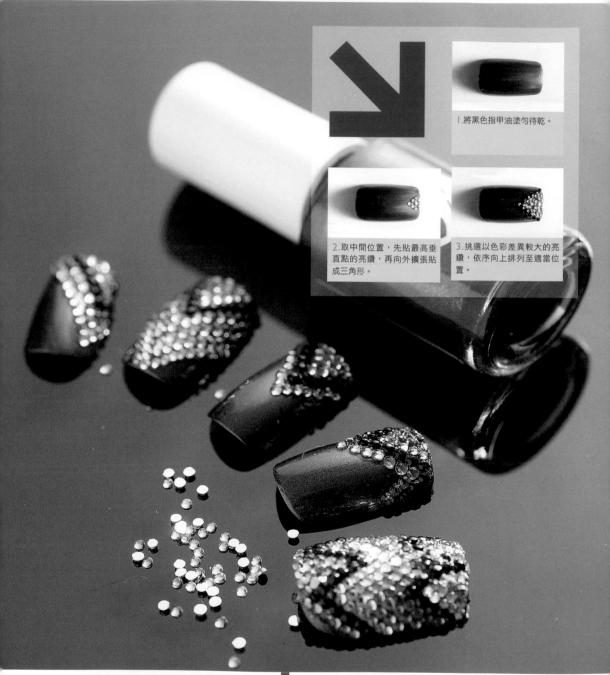

1.將黑色指甲油塗勻待乾。

2.取中間位置，先貼最高垂直點的亮鑽，再向外擴張貼成三角形。

3.挑選以色彩差異較大的亮鑽，依序向上排列至適當位置。

amazing

作品設計＝十分之一美學

魔幻盛裝色彩

1.構思好排列的圖形，快速塗勻底色，趁黑色指甲油未乾前貼上亮鑽。

2.在垂直方向貼上亮鑽。

3.選擇與底色對比及挑選搭配符合美感大小比例的亮鑽，上亮光指甲油。

作品設計＝十分之一美學

black & white

狂戀經典黑白

1.底色上色均勻。

3.在其他設計位置上，貼上
磨光珍珠貝。

2.剪取構思好的不同三角形
的蛇皮紋（選擇有背膠較
好），貼上。

作品設計＝Love Nail Institu

wild

叢林狂野炙熱尋覓

1.選擇寶藍色指甲油，
塗佈均勻。

2.在兩端對角線中間，
輕擦上細亮片指甲油。

3.貼上猶如雪花紛飛圖
案的轉印貼紙，上亮光
指甲油即完成。

品設計＝Love Nail Institute

snowflakes

晶燦雪花星空

1.塗勻優雅沉穩的底色。

2.居中垂直擦上細亮片指甲油，兩邊間隔可自由設計。

3.以純白指甲油拉垂直細線，增加內斂氣質，再設計貼上小鐵圈。

作品設計＝Love Nail Institute

noble

古典尊榮的貴族品味

巧

1.均勻塗上黑色指甲油，
待乾。

2.以指甲膠貼上細麻繩在
巧思的位置。

3.另將先套上小鐵圈細麻
繩，以指甲膠貼牢麻繩兩
端，讓鐵圈充滿活力滑
動。

作品設計＝Love Nail Institute

prime
解 構 原 始 的 幽 暗 天 堂

1.挑選甜蜜的粉紅色為底色，以細線條畫出一個愛心的可愛圖樣。

2.在愛心圖案中貼上各色水鑽。

3.可在其他甲面上點綴甜甜小愛心做搭配。

作品設計＝凱瑞莎兒藝術指甲沙龍

DAZZING LOVE

給我戀愛般耀眼光芒

1.以粉紅及白色兩個不同顏色畫出斜角三角形。

2.在粉紅區塊中，繪上白色虎紋呼應白色的獨特美感。

3.沿著斜線邊緣，貼上水鑽裝飾，既甜美又性感。

作品設計＝凱瑞莎兒藝術指甲沙龍

CHARMING

狂野香甜誘人無限遐想

1.先將紅色指甲油塗滿一
半,在另外一半畫上含彩蔥
的指甲油並暈染交會邊緣。

2.運用白色彩繪專用筆點畫
出白色小花。

3.再以白色水鑽搭配排列出
美麗的造型。

作品設計＝凱瑞莎兒藝術指甲沙龍

FLOWERY SEASON

凝結繁花如煙的夢幻季節

1.以白色指甲油為底，將大膽橘色的圓點畫在巧思位置。

2.再以綠色以相同方式點畫，點出活潑感。

3.依序點上不同色彩及大小變化，呈現出普普風的活力律動。

作品設計＝凱瑞莎兒藝術指甲沙龍

HAPPY TIME

記錄純淨快樂時光

1.塗上淺粉紅底色，在指尖前端兩方畫出兩個斜三角形。

2.於三角形的輪廓邊緣以彩蔥筆再出兩條細線。

3.在中央位置畫出蝴蝶結並點上小白點，增加甜美風格。

LOVELY

微 甜 俏 皮 的 迷 幻 性 感

作品設計＝凱瑞莎兒藝術指甲沙龍

1. 快速的塗上不透明指甲油。

2. 趁底色未乾前在前端點上白色指甲油。

3. 快速的以牙籤輕輕拉出猶如火焰舞動的特殊效果,貼上小水鑽。

作品設計＝Love Nail Institute

MAGNIFICENT
魂縈夢牽尊貴香氛

1.淺鵝黃不透明指甲油
為底,塗勻。

2.以水鑽排列成兩個對
應的四分之一圓。

3.在兩個四分之一圓
裡,以透明指甲油貼上
繽紛亮片。

METEORIC SHOWER

晴空下的流星雨

作品設計＝Love Nail Institute

1.塗勻白色底色，以黑色指甲油順著對角線畫出具有弧度的三角形。

2.輪廓邊緣畫上放射狀黃色的斜線色塊。

3.在黑色色塊上點上小白點或其他顏色，點繪出活潑的舞動感。

作品設計＝凱瑞莎兒藝術指甲沙龍

Day & Night

黑夜白天野艷愛戀

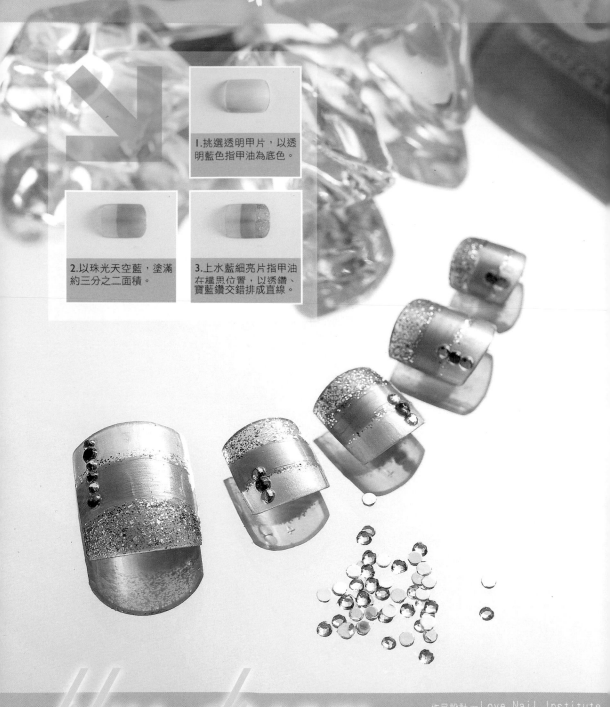

1.挑選透明甲片,以透明藍色指甲油為底色。

2.以珠光天空藍,塗滿約三分之二面積。

3.上水藍細亮片指甲油在橫界位置,以秀鑽、寶藍鑽交錯排成直線。

作品設計＝Love Nail Institute

blue dream

沉醉藍色幽夢

1.擦上香檳金為底色,
以彩蔥線筆畫出線條。

2.依線條直角位置貼上
相配的方鑽。

3.構圖在不同位置貼上
具有相襯效果的方鑽。

作品設計=凱瑞莎兒藝術指甲沙龍

imperial gold

釋放金色雍容的美麗香氛

1.以白色為底色,使用黑色指甲油畫出法式弧形。

2.沿著黑色邊緣畫出亮粉線條。

3.在斜側邊貼上水鑽,塗上透明指甲油即可完成。

STARRY
STARRY LIGHT

作品設計＝凱瑞莎兒藝術指甲沙龍

寧靜點亮心中夜空

美指沙龍在玩什麼？
美指沙龍在玩什麼？
美指沙龍在玩什麼？

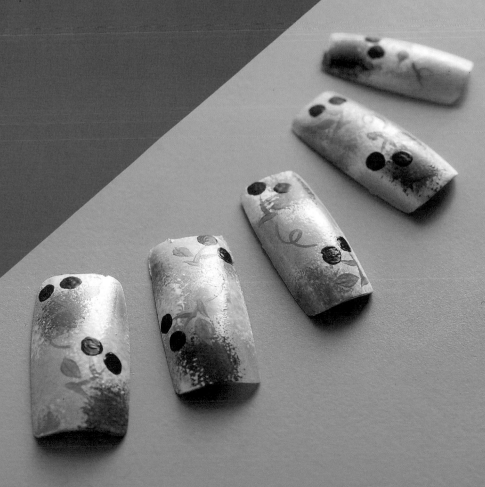

美指沙龍在玩什麼？

　　專業美指沙龍，提供全方位關於手、腿部的美指保養、修容、SPA以及搭配指甲整體造型設計……，並提供居家保養護理沙龍精品、DIY使用工具等日常必需消費商品販售。

　　沙龍級的專業享受，除了在按摩方式重視專業之外，服務使用的保養商品，也都是國際知名的沙龍級保養精品。有些專業沙龍的保養步驟，會因使用保養品牌的不同而有步驟程序的增減，但基本的保養流程是大致相同的喔！如果專屬你的美指沙龍，沒有使用專業沙龍的保養商品服務，可建議沙龍，應選擇專業的沙龍級品牌，以達到更好的保養SPA效果。

圖片提供：O.P.I

圖片提供：O.P.I

專業沙龍標準手足SPA步驟﹝春夏手部SPA﹞

■護理產品：甲皮軟化劑、潤甲油、手部去角質霜、按摩油、皮膚平緩霜、冷膜

■輔助品：泡手盆、毛巾、美甲器、甘皮剪、趾甲剪

*指型修整

1.用修整版修出適當的指型。

*甘皮、硬皮護理

2.用塑膠推頭輕推指面多餘角質。

*硬皮護理1

3.用鑽頭去除指緣兩旁的硬皮。

*硬皮護理2

4.用刷子刷去多餘的皮削。

*皮膚去角質

5.取適量的角質霜去除皮膚老廢角質。

*安瓶

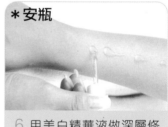

6.用美白精華液做深層修護。

*冷膜

7.敷上冷膜消除肌膚的壓力達到放鬆。

*按摩放鬆護理1

8.按摩手部的經絡達到紓緩的效果。

*按摩放鬆護理2

9.按摩手部外側的經絡手三里穴放鬆肩頸。

＊按摩放鬆護理3

10.活動指結增加末梢神經循環。

＊指面造型1

11.上基底油防止色素沉澱增加指甲油附著力。

＊指面造型2

12.由指甲的中央往下上到指尖的位置。

＊指面造型3

13.再由兩旁均勻塗上指甲油。

＊指面造型4

14.上亮光油保護指甲油防止脫落。

○ 專業沙龍標準手足SPA步驟〔秋冬手部SPA〕

■護理產品：手部磨砂霜、按摩精油、滋潤手膜、底油、亮光油

■輔助品：毛巾、美甲器、蜜蠟機、三面拋光棉、修整板

＊指型修整

1.用修整板修出適當的指型。

＊甘皮護理

2.用塑膠推頭輕推指面多餘角質。

＊硬皮護理

3.用鑽頭去除指緣兩旁的硬皮。

*皮膚去角質

4.取適量的角質霜去除皮膚老廢角質。

*敷手膜

5.敷上滋潤手膜達到皮膚滋潤的效果。

*舒緩按摩1

6.用適量的按摩精油做手部的舒緩按摩。

*舒緩按摩2

7.加強手心的消化系統穴位按摩。

*舒緩按摩3

8.活動指結增加末梢神經循環。

*蜜臘護理

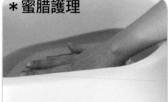

9.上三層蜜臘達到保濕滋潤美白的效果。

*指面保養1

10.先用白色拋棉去除指面凹凸不平的紋路。

*指面保養2

11.先用拋棉磨平,再用含蠟粉的拋棉達到拋光的效果。

*指面造型1

12.上基底油防止色素沉澱增加指甲油附著力。

*指面造型2

13.上由指甲的中央往下上到指尖的位置。

*指面造型3

14.由兩旁均勻塗上指甲油。

*指面造型4

15.上亮光油保護指甲油防止脫落。

◐ 專業沙龍標準手足SPA步驟〔春夏腳部SPA〕

■護理產品：甲皮軟化劑、潤甲油、足部去角質霜、按摩精油、冷膜、厚繭軟化劑、底油、亮光油

■輔助品：泡腳盆、毛巾、美甲器、甘皮剪、趾甲剪 、足搓板、拋光棉

＊消毒

1.用足部消毒噴霧達到消毒功效。

＊修整指型

2.用修整板修出適常的指型。

＊甘皮護理1

3.用塑膠推頭輕推指面多餘角質。

＊硬皮護理1

4.用鑽頭去除指緣兩旁的硬皮。

＊硬皮護理2

5.用刷子刷去多餘的皮屑。

＊硬皮護理3

6.用甘皮剪修剪多餘的肉刺。

＊腳底護理

7.先上厚繭軟化劑再用足搓板去除足底的厚繭。

＊深層去角質

8.取適量的角質霜去除皮膚的角質。

＊冷膜

9.敷上冷膜消除肌膚的壓力達到放鬆。

＊按摩放鬆護理1

10.適量按摩精油按摩加強膀胱經絡達到舒緩效果。

＊按摩放鬆護理2

11.放鬆末梢神經循環。

＊按摩放鬆護理3

12.放鬆末梢神經循環。

＊指面保養1

13.先用白色拋棉去除指面凹凸不平的紋路。

＊指面保養2

14.再用拋棉磨平。

＊指面保養3

15.用有含蠟粉的拋棉達到拋光的效果。

＊指面造型1

16.上基底油防止色素沉澱增加指甲油附著力。

＊指面造型2

17.由指甲的中央往下上到指尖的位置。

＊指面造型3

18.再由兩旁均勻塗上指甲油。

＊上亮光油

19.上亮光油保護指甲油防止脫落。

小叮嚀：

指甲造型和指面保養，只要2選1，因拋光後的指甲不適合上指甲油。

專業沙龍標準手足SPA步驟〔秋冬腳部SPA〕

■護理產品：厚繭軟化劑、液狀磨砂霜、按摩乳液、皮膚消毒噴霧

■輔助品：泡腳盆、足搓板、毛巾、美甲器、甘皮剪、蜜蠟機、修整板、拋光棉

＊消毒
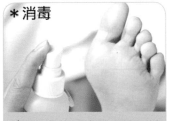
1. 用足部消毒噴霧達到消毒功效。

＊指型

2. 用修整板修出適當的指型。

＊甘皮護理

3. 用塑膠推頭輕推指面多餘角質。

＊硬皮護理1

4. 用鑽頭去除指緣兩旁的硬皮。

＊硬皮護理2

5. 用刷子刷去多餘的皮屑。

＊硬皮護理3

6. 用甘皮剪修剪多餘的肉刺。

＊腳底護理

7. 先上厚繭軟化劑再用足搓板去除足底的厚繭。

＊深層去角質

8. 取適量的角質霜去除皮膚的角質。

＊敷腳膜1
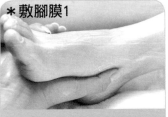
9. 取出適量的按摩乳液均勻塗抹在整個足部。

＊敷腳膜2

10.用PE膜包覆整腿防止產品水分流失達到吸收。

＊舒緩按摩

11.用適量按摩精油按摩足部達到舒緩放鬆效果。

＊蜜臘護理1

12.足部上三層蜜臘均勻覆蓋整個腳踝部分。

＊蜜臘護理2

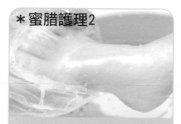

13.用蜜蠟袋包覆整個足部達到保濕滋潤美白效果。

＊指面保養1

14.先用白色拋棉去除指面凹凸不平的紋路。

＊指面保養1

15.再用拋棉磨平。

＊指面保養1

16.用有含蠟粉的拋棉達到拋光的效果。

＊指面造型1

17.上基底油防止色素沉澱增加指甲油附著力。

＊指面造型2

18.由指甲的中央往下上到指尖的位置。

＊指面造型3

19.再由兩旁均勻塗上指甲油。

＊上亮光油

20.上亮光油保護指甲油防止脫落。

什麼是光療指甲？

GEL，獨特的凝膠晶凍質感，因製作方式是取適量凝膠狀的樹脂，仔細均勻塗佈在指甲上，再搭配UV燈的照射溫乾後，展現出晶透如果凍般光亮水感的指甲，過程中須經由UV燈的紫外線照射，而被俗稱為光療指甲，但就翻譯而言應稱為凝膠指甲。凝膠指甲形成的假指甲，質感很接近真甲，在製作過程中對於自然指甲的傷害性也較小。一般在美甲沙龍中，製作價格與水晶指甲價格接近，不習慣水晶指甲過程中的味道與完成後指甲上有附著物的感覺，可嘗試質地輕薄又晶凍誘人，具有些微彈性的光療指甲！

凝膠指甲是新技術？

早在1914年之前，歐美國家即以醫學科技開始研發，欲用以指甲矯正、修補等醫學用途的凝膠指甲。在1985年以德國品牌LCN建立起凝膠指甲的盛行而風靡全球。隨著時代的進步與需求，凝膠指甲經由不斷研發改造，創新出許多更貼近人性的科技新技術，像是來自南非的BIO SCULPTURE GEL、CALGEL、來自日本的CAN I，除了強調出符合實用以溶劑包覆的可卸式便利之外，更為傳統需拋磨去除樹脂的凝膠指甲，注入全新的製作步驟、可任意選擇搭配的繽紛色彩，以及可整個卸除凝膠的卸除功能，大大降低傳統拋磨時可能對指甲造成的傷害，亦增加了凝膠指甲滿足造型創意的多樣化需求。

可卸式凝膠的創意動機，來自改善原本不能溶解卸除的操作問題，好的品牌使用的是天然樹脂，一般則是使用壓克力膠配方，或是二者參雜。通常壓克力膠配方和紫外線成型固化劑合併的產品，固化後較有彈性，尤其是相較於水晶指甲的硬度，可卸式凝膠指甲感覺輕盈彈性許多。一般對製作凝膠指甲的專業技術要求與水晶指甲相當，若美甲師經驗不足甚或操作不當，對於指甲健康還是會有傷害性。而凝膠和水晶指甲的材料，在牙醫的運用上非常普遍，如：冷光美白，就是使用白色光療凝膠進行牙齒美白。

圖片提供：BIO

圖片提供：BIO

做凝膠指甲會傷害指甲健康嗎？

凝膠指甲的凝膠成分萃取來自天然樹脂，無毒性、無味、沒有參雜刺激性化學物質及不含香料，不影響人體呼吸及精神系統，對人體與指甲無害，多年來深受歐美國家的消費者喜愛！

通常做凝膠指甲是絕對不會痛的。會影響健康或是受到傷害的原因大致分四個因素：

A. 上凝膠前的修甲面動作，或是修磨過程中的指緣皮膚受傷：一般在上凝膠前會有修甲面的基礎步驟，有時經驗不足的美甲師用力過大或是沒有專注不小心，將指甲面修的太薄，甲面下的神經因而容易感受到外力的觸碰、重力而感到疼痛；或是修磨的幅度過大、用力過猛，造成指緣周圍皮膚磨傷而流血，尤其在開始即有傷口，而後續步驟中要以UV燈溫乾，很可能容易引起細菌感染等，為達到預防萬一的情況，建議如有傷口，應立刻擦藥並停止後續的步驟，等傷口痊癒之後再繼續享受指尖帶來的美麗樂趣。

B. 凝膠份量錯誤，引起疼痛：製作凝膠指甲的過程中，凝膠的使用比例和份量，沒有評量好，一經UV燈照射後，造成凝膠部分緊縮，而引起指頭部位有灼熱刺痛感！如果一感覺有痛感，無論小痛或是很痛，都應立即停止並卸除，並休息觀察1至2週後，再評估是否可以製作，若是很痛並已造成指甲脫損，應立即就醫。一般性的指甲傷害，皮膚科醫生建議應休息2至3個月，待新增生的健康指甲完全長出之後，才可開始再度進行。

C. 指甲增長後，人為因素造成真指甲的意外斷裂：隨著真指甲的自然增長，凝膠指甲若沒有按時修補，指甲前端因凝膠指甲而有輕微隆起的不平衡重力現象，平時動作不小心、外力壓迫或是自行拔掉凝膠指甲，很容易引起真指甲受傷及斷裂！假使有以上情況發生，應立刻以OK繃、紗布等包覆並固定受傷的指頭，馬上前往沙龍卸除；卸除後如有指甲受損脫落的情形，應立即就醫不要耽誤。

D. 不當的卸除方式：傳統的凝膠指甲，是以拋磨的方式，磨掉附著在真指甲上的凝膠。通常會先使用100號以上的磨棒磨除凝膠，再以號數更高更細緻的磨棒磨除貼近真甲的凝膠，在拋磨過程中，如果使用的磨棒太粗、用力不當磨到真指甲，造成指甲薄軟，都會傷害到真指甲及肌膚健康的。目前創新的可卸式凝膠指甲，只要將指甲包覆在溶劑精油之中，15至20分鐘之後即可自然卸除，是非常值得推薦嘗試。

◐ UV燈會傷指甲，不能用在真指甲上？

　　製作凝膠指甲最重要的樹脂成分，透過UV燈的紫外線照射，引發出能讓樹脂固化的丙烯酸聚合體，簡單來說，凝膠指甲的樹脂，因UV燈的照射而固化變硬，形成所謂的凝膠指甲，這樣的製作原理，非常貼近接近大自然的凝固生態，健康而自然！而一般沙龍使用的UV燈，通常都是36瓦，有些比較特別的是20瓦，甚至更低的瓦數，像這樣的瓦數，相較於大自然中太陽的紫外線、室內日光燈等照明設備的瓦數都低很多，對人體及指甲的傷害當然也微乎其微。如擔心因使用UV燈的紫外線照射，而引起手部肌膚變黑等，建議聰明消費的您，在製作凝膠指甲前，多詢問了解沙龍使用UV燈管的品牌、瓦數、是否使用防曬乳液呵護肌膚等，都能將心中憂慮降到最低，充分享受凝膠指甲帶來的時尚魅力。

圖片提供：BIO

◐ 光療指甲與水晶指甲的差別

差異項目	光療指甲	水晶指甲
材質	光療樹脂，凝膠狀。完成後假指甲的質地感覺較柔軟富彈性。	壓克力粉，粉狀。國內通稱水晶粉，假指甲質地感覺較堅硬。
製作方式	使用光療樹脂，再以UV燈照射使其凝固變硬。	水晶粉與水晶溶劑融合後產生化學變化，而自然凝固變硬。
專業技法	最好有水晶指甲的基礎，可做出更美的凝膠指形。	受限於時間與技法純熟度，需有非常專業的技法。
優點	好品牌為純天然樹脂，無毒，若製作過程符合國際專業標準，不會有痛感，對人體無害。	朔型空間大，可製作較多顏色及變化，可調整假指甲的形狀。
味道	沒有化學溶劑味道。	若空氣不流通，有化學溶劑味道。
朔型	以自然指甲的甲型，即可展現出自然甲的粉嫩指感，亦可增長。	指型可增長，但技術不佳時，易在過程中造成指甲傷害。若有感到刺痛感，應立即停止並卸除。
使用缺點	UV燈的選擇容易有差，要看機型，瓦數越小，製作時間越長，若凝膠量使用不當，會不易凝固。	壓克力粉的使用和之前拋磨，容易造成指甲傷害，完成後具厚重感，拋磨時間等步驟多製作時間較長。
獨特指感	創造自然指甲澄澈透亮像果凍甜美的指感，亦可搭配色彩及3D創意，讓造型更完美。	讓指甲如水晶般晶瑩剔透，搭配多種創意及色彩，創造出絕佳造型。
亮澤感	水感亮澤，晶凍可愛，展現自然指甲的粉嫩透明指感。	霧面質感，要上專業抗UV亮光，避免經陽光照到後會變黃，尤其3D更需要上UV亮光，不是一般亮光。
3D效果	可做3D粉雕等立體造型。	可做3D粉雕等立體造型。

修補	視指甲生長狀態，通常2至3週需要進行修補。	視指甲生長狀態，通常2至3週需要進行修補。
特殊狀態	不因去光水而造成指面影響。	有丙酮的去光水會造成水晶指甲指面霧化，以去光水去色後，需再次上亮。
卸甲時間	若指甲生長健康，修補一切正常，大約2至3個月內一定要進行完全卸甲，以免造成指甲傷害。	若指甲生長健康，修補一切正常，大約2至3個月內一定要進行完全卸甲，以免造成指甲傷害。
卸除便利性	傳統方式是手工修磨式卸甲，最新以卸甲液即可卸除。	水晶專用卸甲液，即可卸除。
沙龍選擇	各有特色，但凝膠品牌的差異，像凝膠濃稠度、操作方面都有不相同的地方，可以針對個人需求做挑選，也可以以比較喜歡哪家的產品來做選擇，相對的製作方法也會根據品牌，有技術性的專業變化。	各有特色，選擇受過國外專業訓練的資深美甲師並使用國際知名品牌商品服務的沙龍，可降低因製作水晶指甲讓指甲受傷的風險！而水晶溶劑味道較重，首選保持通風良好的沙龍。
最新做法	挑選最新色彩，搭配3D等指上新造型，享受時尚新魅力。	水晶指甲完成後，再上凝膠，體驗剔透無瑕的明亮驚豔吸睛樂趣。
DIY	受限於專業技術，除非是多年的美甲師，對指面拋磨及凝膠的量拿捏很好，一般的消費者並不建議居家DIY。	受限於專業技術，除非是多年的美甲師，對指面拋磨及水晶粉的量及製作時間控制很好，不然並不建議居家DIY。

捍衛健康，挑選國際知名品牌仍是最佳抉擇

享受玩美的同時，當然也要寶貝呵護健康！通常凝膠指甲會影響指甲與肌膚健康的因素，不外與美甲師的專業技術與知識、凝膠使用的品牌、凝膠製作時的度量比例、天然成分、UV燈品牌、瓦數、UV燈管的品質好壞等息息相關，當然這些元素，也同是影響凝膠指甲做出之後完美與否及造成指甲傷害的緣由。

凝膠指甲最基本的工具和材料：凝膠［光療膠］［膠分為：一般白色膠、超白色膠、粉紅色膠、透明色膠］、璀璨膠、有色凝膠、果凍膠、上層凝膠、凝膠清潔劑、凝膠筆［細分筆號］、半甲-甲片、甲片專用剪、鑽飾或珠飾、抗UV亮光油、紙指模、防潮平衡劑、接合固定劑、甲片黏膠、磨甲棉、粗磨甲棒、指緣油……等等，這些基本材料，林林總總加起來大約需要NT＄8000至15000！而ＵＶ燈36瓦，大約要NT＄4500至25000左右；9瓦也要NT＄1000至5000上下！不同的品牌有不同的製作步驟，一般有品牌的光療凝膠，單一瓶要NT＄1200以上，可卸式凝膠比一般凝療膠貴1‧5至2倍左右，尤其是做法式的色膠，更貴！價格在：NT＄1400至1600以上，通常凝膠指甲相關產品材料，會比水晶指甲材料貴上2至3倍左右！除非購買大陸內地的凝膠，價格約在：NT＄350至1000之間，不過，很多美甲師與消費者反應，除了很難辨識成分的安全性，無法有效避免造成傷甲之外，在製作過程中，很多人痛到哇哇叫，真是花錢受罪，可能還賠上健康！

喜愛凝膠指甲的您，除了慎選專業的美甲師，多問問幾家美甲沙龍好好評估、多了解各品牌的產品差異及成分安全性……等之外，選擇像是國際知名的品牌，如：BIO SCULPTURE GEL、CAN I、CALGEL、EZ FLOW、IBD、LCN、O.P.I ……等［以上品牌依字母列序］，都是可以精挑細選出最愛也最適合自己的品牌，為自己的健康好好把關！如果對美指造型有著深切的熱愛，不妨到http://www.nailpro.com看看國際最新專業資訊，絕對讓你有豐碩的收穫。而平時注意適時的滋潤呵護指甲健康，注重飲食均衡、保持運動、講究衛生清潔，仍是享受讓人驚豔讚嘆，擁有健康美麗指甲與肌膚的不變法寶！

Challenge your designer

考考你的美指設計師！

到沙龍做專業的水晶指甲，
可是要看看你的指甲做的是否符合專業的水準喲！

什麼是水晶指甲？

　　代表水晶指甲的英文名稱Nail Extension，與中文翻譯的名稱意義不同！通常水晶指甲製作方式是以毛質較好的貂毛筆吸取溶劑，再沾取壓克力水晶指甲粉，直接在真指甲上塑型增長，因為做出的效果像水晶一樣清澈透明，所以中文稱為水晶指甲！

如何分辨專業沙龍水晶指甲做的好壞？需注意國際專業的3C標準！

　　3C，是指做好後水晶指甲的【指甲正面、側面、指尖面】都需要有漂亮的C型弧度，而做出的水晶指甲標準厚度，應該有一張信用卡的厚度，才符合國際專業的3C標準，太厚以不超過2張信用卡的厚度為原則，太薄容易斷裂也不符合國際標準喔！

　　做水晶指甲的目的，是要讓雙手顯得修長優雅、雙腳展露誘人魅力，不一定要做多長，但做出符合國際標準的美麗指型是絕對必要的！寬大、肥厚、混濁的水晶指甲，都不具有專業的標準。水晶指甲除了必需要有修飾效果，更有矯正指型的作用，慎選技術優秀的美指設計師，搭配使用頂級優良的製作質料，才能做出厚薄適中自然美觀的水晶指甲，揮發出水晶指甲在整體造型中無與倫比的美麗魅力。

水晶指甲的標準作法

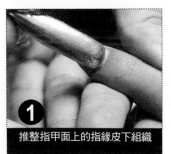
1 推整指甲面上的指緣皮下組織

2 指甲面使用360密度軟挫清潔指甲油性脂質

3 指甲塗上PH平衡劑，使指甲的酸鹼質平衡及乾燥

4 使用丙烯酸黏劑塗於指甲表面

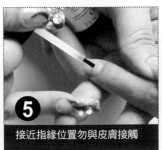
5 接近指緣位置勿與皮膚接觸

6 貼合指甲紙模.吻合指甲形狀

◐ 水晶指甲更美小祕法！

每天利用零碎的小小時間，洗淨雙手以指緣油或是手部乳液，輕輕按摩指緣及呵護手部肌膚，並一定要擦乾洗淨後的雙手和盡量保持指緣的滋潤度，大約3至5天可在水晶指甲補上UV透明指甲油，增加亮度後會變的更美喔！

一般約2至3星期隨著指甲的生長，水晶指甲也會逐漸的往前推，可能會有鬆脫現象需要回到沙龍進行修補。這期間，如有水晶指甲鬆脫，或有不小心折到的時候，應以OK繃或是繃帶，將水晶指甲暫時固定不要晃動，並盡快到沙龍卸除，不要用力的將指甲拔掉，這樣可是會傷害自然指甲的呢！

★千萬不要把美美的水晶指甲當開罐器，或是大力撞擊、壓迫！水晶指甲只是附著在自然指甲上的人工指甲，任何會讓真指甲受傷的動作行為，都不適合，且非常容易使水晶指甲與真指甲產生剝離，維護水晶指甲需要像愛護自然真指甲一樣的寶貝喔！

◐ 問問你的美甲師：什麼是MMA？

Methyl Methacrylate Administration簡稱MMA，中文稱為【甲基丙烯酸甲酯】，在常溫下為無色、透明並帶有醚類香味的液體，沸點約101℃左右。MMA可與空氣形成爆炸性

❼ 沾取粉狀丙烯黏劑（水晶粉）

❽ 先取一球於指尖前

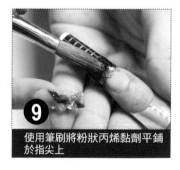

❾ 使用筆刷將粉狀丙烯黏劑平鋪於指尖上

❿ 沾取第二球粉狀丙烯黏劑

⓫ 置於甲體與微笑線上方

⓬ 使用筆刷鋪刷有弧線的表面

混合物，爆炸極限為2.12至12.5%（體積），因此在使用或運送時必須嚴禁煙火，亦因其聚合物為透明性極佳塑膠材料，常被俗稱為有機玻璃，尤以近幾年應用在光纖材料方面，附加價值相當高。MMA能與多種單體(Monomers)進行共聚合，生成之聚合物特性具多樣化，因而亦具有廣泛的用途。有時MMA使用於製造塑膠類[瓷甲]產品。在過往專業指甲行業中，絕大部分水晶指甲產品均含有這種有害化學物。

◯ MMA對指甲的影響？

早於1970年間，美國藥物食品管理局[US Food and Drug Administration(FDA)]曾收到嚴重皮膚感染及指甲受損或鬆脫投訴。於當時即勘驗出並明確發出聲明指出，所有含有MMA產品品質檢驗報告，列明長時間暴露於這種有害化學物對眼部、皮膚及呼吸系統會產生不適，嚴重之後遺症亦包括肝、腎，及中樞神經受損，並已將Methyl Methacylate Administration簡稱MMA，中文稱為【甲基丙烯酸甲酯】列為有害即有毒物品，並對所有商品回收及有關人等採取法律行動。

但至目前為止，也有部分地區並未立法禁止使用於專業指甲行業。大部分廉價的水晶指甲，幾乎均採用含有[MMA甲基單量體]之物料。

⑬ 在可塑性形成時，調整指甲兩側的型狀

⑭ 使用100密度挫板修整長度及形狀，150密度飾修飾表面

⑮ 使用360密度細緻表面修整

⑰ 塗上TOP COAT，可使指甲光亮

⑯ 在指緣皮膚塗上保養油，可預防皮膚乾燥

MMA驚人小叮嚀

★ 在製作過程中，當塗上具有MMA的材料後，皮膚會感到不適。

★ 卸除含有MMA的水晶指甲時，會發覺比一般有品牌商品感到更吃力困難。

★ 塗上或拆除含有MMA的水晶指甲，有時會嚴重損害甲面及甲床組織，使人感覺痛楚。

★ 卸除後的自然指甲容易折斷或鬆脫，使指尖出血或受感染而造成疼痛。

★ MMA會使指甲變型或鬆脫，更可能會使指甲短暫或永久停止生長。

★ 指甲及指尖可能會永久失去知覺。

★ MMA的危險只侷限於水晶指甲。

如何避免使用含有MMA的水晶指甲？

　　大部分使用MMA材料的指甲店，幾乎都是以低價作賣點！如果水晶指甲服務，收費低廉到難以置信，而詢問後又說不出其採用原料內容物與確定的品牌，或許就該多加小心，尤其在製作水晶指甲過程中，當製作到第二隻指甲，空氣中的味道難以忍受，及開始有頭暈不舒服的感覺，就應當立即停止，不要再做喔！含有MMA比NO MMA的原料價格便宜數

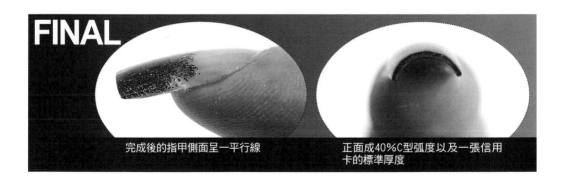

FINAL

完成後的指甲側面呈一平行線

正面成40%C型弧度以及一張信用卡的標準厚度

倍！辨認出專業品牌的氣味與粉末的顆粒狀態、色澤，也能降低部分打低價策略的廠商，將劣質或含有MMA的物料倒進印有品牌容器使用的可能性風險。

國際馳名的O.P.I品牌，在許多年前即已首先研發創造出NO MMA商品，引領全球各知名品牌與消費朋友遠離MMA的傷害，享受同時擁有健康與美麗的時尚品味生活。選擇具有國際知名品牌的商品，精打細算符合標準行情的預算，前往具有規模及服務信譽良好的專業指甲沙龍，仍是目前最聰明也最安全的消費選擇。

做水晶指甲會痛嗎？

做水晶指甲，是絕對不會感到疼痛的，如果會有疼痛的感覺，有可能是美指設計師的專業常識及能力不夠仍有待加強，也可能是用到劣質或含有MMA的商品喔！

夜市或路邊的美指服務可以信任嗎？

要做出又好又美的水晶指甲，一般最佳的室溫應該在23至27度，空氣的潮濕比例以乾燥為佳。因為水晶粉會吸收空氣中的溼度，路邊或夜市灰塵量高，不但容易將灰塵帶進製作中的指甲，戶外的溫、濕度較高也較不穩定，做出來的指甲容易變質！路邊器皿工具使用後的消毒，也較無法徹底，因此比較不建議。而百貨公司或是商場、賣場等，有空調的開放性空間，因其製作水晶指甲的相關條件較為俱足，可放心前往享受美麗帶來的喜悅心情。

為自己挑選適合的美指沙龍

為自己挑選適合的美指沙龍

● 為自己挑選適合的美指沙龍

挑選專業美指沙龍，首先應觀察沙龍的環境！整潔乾淨的舒適空間與空氣清新暢通，是專業沙龍應有的環境要求，如有濃重的化學氣味，應建議沙龍業者加強空調，增進新鮮空氣的流通，降低服務過程中呼吸器官的負擔！而專業沙龍是否有開業的營利事業登記，亦為一項不可忽視的消費權益，降低因服務不當時的消費風險。

其次，在接受服務前，了解美指師的服務年資，受過哪些國內、外正式的教育、專業訓練，有沒有明確的專業證照？執業多少時間、執業期間是否持續進修？專業知識是否正確豐富？為幾項選擇美指師的基本概念。

而詳細看看沙龍內實際展示的作品，觀察美指師手上的指甲，尤其製作水晶指甲，更應注意觀察，其他正在進行水晶服務流程的客戶反應，精緻度與技巧是否與照片相符，是否符合國際3C標準！而使用的器具是否消毒？是否了解各專業品牌商品差異、使用常識，並使用沙龍專業品牌服務？其他，如：良好敬業親切的服務態度及整齊乾淨的服裝儀容，不以言語毀謗其他同行競爭業者，也都是考慮與選擇標準的項目喔！

● 證照報報

關於美指的職業證照，全球目前只有美國政府才有頒發認證鑑定書！以美國50個州來說，50個州都有個別考試，想要在哪個州從事美甲行業，就在哪一州考試。想要開沙龍執業，也一定要有政府認證合格頒發的鑑定書才能開業，保障所有消費者享受專業優質服務品質的權益。專業職業訓練課程由必修的：指甲構造學、生理學、美甲產品的化學變化、指甲病變、沙龍消毒……等基礎專業知識評鑑通過，才能繼續專研其他專業技術，如：製作水晶指甲，以及做完水晶指甲後，客戶不同情形的專業處理……等，也才可晉升更進階、高階、專業職業講師的專業課程。

國內目前有許多不同的美甲執照，仍尚未納入政府或公會，也並無統一評定專業職業等級的標準與制度。有些沙龍業者，標榜多項國內自辦課程的職業證照、教育講師等資格，一般該稱為各品牌產品研習活動，研習專屬品牌商品的使用方法與技術，受訓時間短至3至10天，或是資深的老師開設的教育機構，為期幾個月的短期教育，相較於國外專業學習的時數與嚴格的課程考試要求，國內還需要繼續多多虛心學習並加強不足的部分。所以，聰明的消費者，仍應以是否具有正式的專業學校教育課程基礎、專業執業的時間，或是否曾參加國際性不分區比賽的得獎經驗為專業評量標準！

另外，消費者也應了解清楚，國際性比賽的參賽國家區域及技術評鑑範圍，有些稱為國際性或是亞洲盃的比賽，但實際上某些國家的專業美甲師並不參與同一項競賽！因此，不要迷失在盛名之下，在挑選適合自己的美甲師時，仍應以美甲師扎實的專業技術、創意、良好服務態度和謙虛學習進取的精神，為重要選擇標準。

⊙ 揭開沙龍價格的終極祕密

國際知名的專業沙龍品牌，所有產品都經由專業的研發團隊，經過不斷的測試鑑驗而出優質的專業商品，價格較高！有些沙龍業者，為降低成品，以廉價工業用化學商品填充取代國際專業沙龍精品，聞起來的味道有別於國際專業品牌，塗抹的感覺也比較粗糙不夠細緻，使用不當可能引起皮膚不適的症狀，聰明的消費者若是發現不對，應即刻拒絕使用，建議沙龍使用專業品牌或更換專業沙龍，以避免不必要的傷害！

有些美甲沙龍自創品牌，商品品質絕對無法與國際性品牌的專業品質相比，若包裝上無清楚的成分標示、衛署檢驗通過字號、工廠公司的名稱地址電話，建議消費者，可別拿自己的美麗健康開玩笑喔！

圖片提供：ONS

服務項目	服務內容		一般收費	備註
手部保養	1. 指甲保養 2. 手部保養	1. 修飾指甲&護甲商品 2. 去角質&手部按摩& 　蜜臘滋潤保養	NT：150UP NT：500UP	
腳部保養	1. 趾甲保養 2. 腳部保養	1. 修飾指甲&護甲商品 2. 去角質&手部按摩& 　蜜臘滋潤保養	NT：150UP NT：500UP	
真甲彩繪	1. 圖案設計 2. 鑽飾設計 3. 噴畫設計		NT：200UP	隨設計的複雜度&困難度， 收費標準各不同。
人工指甲	塑膠類貼片	1. 市面販售的成品 2. 沙龍另行設計	NT：150UP NT：300UP	市面販售的成品，價格以 材質好壞而有價差，以暫 時性裝飾為主要功能。
	水晶指甲		NT：600UP	「Nail Extension」為國際 標準英文名稱，國內業者 因作品像水晶剔透美麗， 而稱為水晶指甲。
	凝膠指甲		NT：800UP	因過程中以紫外線照射烘 乾，國內業者稱為光療指 甲！SPA或會館等常用。
纖維指甲			NT：800UP	自然真指甲斷裂， 緊急專業修護。

妝彩指甲歷史

妝彩指甲歷史

From the 18→20th Century

　　早在西元前3000年，中國人就已用樹膠、蛋白、明膠與蜜醋來配製清漆、自然漆用於指甲之上的裝飾。周朝時，穿戴金、銀色的彩色指甲更是皇親國戚尊貴的象徵，這樣的風潮一直延續到後來不同朝代的皇親國戚，也開始穿戴起黑色、紅色的彩色指甲，階層比較低的，只能使用淡色調的顏色做裝飾！再往前追溯到西元前6000年前，當時的埃及人，以指甲花將指甲染成金色，近代，更在埃及豔后的墓中，發現一個化妝盒中記載著，塗上「處女指甲油」為通往西方極樂世界之用的驚世紀錄！身處21世紀的當代，指上品味早已席捲歐美時尚界，延燒到亞洲，媚惑百變的美指色彩，已成為整體搭配的一部分。

圖片提供：O.P.I

Past

1800

西元1800前後，指甲在外形上，以杏仁形指甲為主流，最經典的是那短而稍細的尖頭。
顏色則是以紅色系精香油，表面則覆塗蓋上淺灰黃色系為主。

1830

到1830之前，用於修指甲的材料及器具，
多數是金屬、麥角酸(LAD, lysergic acid diethylamide) 及剪刀。
西元1830時，歐州有位叫希特的治足醫生，
延用牙科器械發展出一種可用在修飾指甲造形的橘木鐵。

1892

希特醫生姪女把這修指甲的方法教給她的一位女性友人，再傳到美國。
針對具有特定收入又愛美的女性，希特修指法於是漸流行在女子美容沙龍。

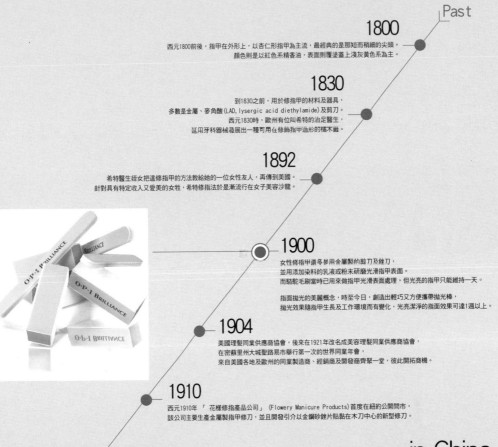

1900

女性修指甲還多采用金屬製的剪刀及銼刀，
並用添加染料的乳液或粉末研磨光滑指甲表面。
而駱駝毛刷當時已用來做指甲光滑表面處理，但光亮的指甲只能維持一天。

指面拋光的美麗概念，時至今日，創造出輕巧又方便攜帶拋光棒，
拋光效果隨指甲生長及工作環境而有變化，光亮潔淨的指面效果可達1週以上。

1904

美國理髮同業供應商協會，後來在1921年改名成美容理髮同業供應商協會，
在密蘇里州大城聖路易市舉行第一次的世界同業年會，
來自美國各地及歐州的同業製造商、經銷商及開發商齊聚一堂，彼此開拓商機。

1910

西元1910年「花樣修指產品公司」(Flowery Manicure Products) 首度在紐約公開問市，
該公司主要生產金屬製指甲修刀，並且開發引介以金鋼砂銼片貼黏在木刀中心的新型修刀。

1914

in China

美國的北達科他州的安娜 金德瑞得
(Anna Kindred of North Dakota)
發明一種指甲保護套並申請專利，
它是提供給需接觸一些褪色化學劑的人，
用來保護工作人員的指甲不被褪色。

1917

來自肯他基州，路易斯斯爾市的寇隆尼醫師 (Dr. W. G. Korony of Louisville, Kentucky)
在11月號的Vogue雜誌上提出警告「不要修掉指甲的表面角質和根部」，
而是應採用「簡易居家修指方法——但卻不需要任何工具」。
這所謂簡易修指法工具包中包含有「去角質劑、指甲油、指甲亮漆、指甲去光劑、金鋼砂修刀、
橘木鐵及一本居家修指手冊」。並採用一些粉餅或微細粉來幫助拋光指甲。
而一種新配方叫Hyglo 指甲油聲稱擁有色艷亮麗、持久並防水喔。

指甲油這麼時髦流行的東西，流傳至今有好幾千年的歷史！從歷史的見證
中，可以清楚發現，指甲與手部的保養、裝飾，自古以來就如同社會地位
的表徵，不管在任何年代裡，擁有一手修長、美麗指甲的人非富即貴，多
半屬於上流社會階層！而延續到現代的潮流精神，除了深受全球巨星名模
喜愛之外，在就業職場上，更是專業人士表現專業整體形象不可或缺的要
求之一。圖片中，慈禧太后與西洋官夫人的經典合照，傳神的表達出華人
對整體造型與服裝搭配，有著極高的要求和精緻華麗的嚴格講究。

1930

電影女明星讓指甲油成為一種流行時尚，當時女性流行的整體裝扮具有些許冷酷、
世故、優雅和無瑕疵的特質，各種紅色調的新月指甲彩繪蔚為風潮。
這個時期，吉娜實驗室(Gena Laboratories)首度推出它取名為「暖調0化妝水」(Warm-O-Lotion)的去光水、
保護指甲保養油和去角質劑。

任憑時光流轉，紅色，依舊當紅，深受時尚及巨星名模名媛們的喜愛，
指間的色彩早已成為整體造型中不可或缺的必要一環。

1932

CLASSICS

查爾斯．瑞佛森(Charles Revson)和他的化學家弟弟約瑟夫 瑞佛森(Joseph Revson)
以及查爾斯．賴希曼(Charles Lachman)聯手創造了一種不透明且會留下條痕的指甲油，
這種指甲油是以顏料而非染料為基底，可以製造出許多種不同的色彩。
同年，露華濃公司誕生，這家公司在30年代引領了嘴唇口紅和指甲油配色的風潮。

口紅和指甲油色彩搭配，讓妝容彩更加完美的美麗要求，
歷經時間巨輪依然風靡，知名且深受國際巨星喜愛的專業品牌O.P.I的CLASSICS系列，
至今依然傳遞了歷久彌新的經典祕密！

1934

加州的安娜 漢伯格(Anna Hamburg)獲頒一項人造指甲顏料的專利，
這種指甲顏料容易塗上也方便清除，而且不會對自然指甲造成任何傷害。
芝加哥有一位名為麥克斯威爾 賴波(Maxwell Lappe)的牙醫師
創造了所謂的「新指甲」(Nu Nails)，這是一種專門為喜歡咬指甲的人所發明的人造指甲。
蜜絲佛陀推出了指甲琺瑯液(Liquid Nail Enamel)，這項產品與當今的指甲油已經相當雷
同，由於製造過程所使用的顏料顏色很有限，所以琺瑯指甲液只有正紅色、深紅色、
硃砂色和緋紅色可供選擇。當時流行的指甲樣式是將整片指甲塗上指甲油。

1935

新澤西州的尤金．羅爾巴赫(Eugene Rohrbach)獲頒一種指甲覆蓋片的專利
這種指甲覆蓋片不需膠水就可以黏附在指甲上，
而且可以在指甲角質根部邊緣上面和下面滑動。

1936

紐約的史黛拉．歐黛妮爾(Stella O'Donnell)取得指甲用的表面蠟紙專利
可以黏附在指甲表面上，以保持指甲油層始終如一的完整和光亮度。

1938

修剪指甲的費用從25美分到3.50美元不等，
確實的價格則視是否塗上指甲油而定。
這時打底層甲油已發明出來，後來引發了整片指甲塗滿甲油的風潮。

護甲油的健康概念，歷經世代交替延續在這21世紀的當代，
不但已成為不可或缺的保養方法，
產品的研發更近成熟專業並呈現讓人愛不釋手的健康色澤！

1937

明尼蘇達州的哈瑞特，富利根包姆(Harriet Fligenbaum)
發明了一種修護和延長指甲的方法，這個方法需要使用一些小工具，
他後來獲得了這個方法的專利。

1940

麗塔．海華斯修長的紅指甲創造了新一代的指甲流行時尚，她會將整片指甲完整地塗上紅色指甲油，
而且指甲形狀比較修長、比較橢圓，與先前流行變得較短且較尖的指甲不同。
二十世紀的前半葉，經常上理容院的男性在理髮的同時，往往也會獲得修剪指甲、刮鬍子和擦皮鞋的服務。
這個時期的女性已經有比較多色彩明亮的指甲油可以選擇，
比方說伊麗莎白．雅頓(Elizabeth Arden)就推出一瓶
75美分的「校舍紅」(Schoolhouse Red)指甲油(女性的腮紅和口紅顏色往往會跟指甲油搭配)。
比艾翠絲．凱曾經表示，在使用玻璃纖維和綢布來做為包覆材料之前的時代，
有人使用茶袋、咖啡濾紙和杜可牌黏膠(Duco cement)來做為包覆材料，
而來自愛達荷州波伊西市、擔任彩繪指甲師已16年資歷的唐娜，寇爾(Donna Kohl)則說，
也有人用香菸紙、燙髮紙和飛機用膠來當作包覆材料。

1943

長堤美髮師協會
(Long Beach Hairdressers' Guild)
首度舉行展覽會。

1945

蜜絲佛陀為消費者推出了「絲緞光滑指甲油」(Satin Smooth Nail Polish)，這是從它早期的「指甲琺瑯
液」改良而來的產品，有紅色系、粉紅色系及其他色系可供消費者選擇。

讓人感受熱情性感的紅色，至今依然廣受喜愛，尤其猶如鏡面般的性感光澤，更展現出女性的嫵媚多情。

1920

幾乎如稚齡小孩般的短髮而纖瘦的身材，是當時電影或舞台明星的主流裝扮。
指甲則仍未被特別強調修飾，但有趣的是汽車板金的塗裝，在此時卻提供指甲塗抹彩繪的啟蒙。

1921

美國全國美髮公會成立，後來改名全國美髮暨美容師公會，即現在的美國全國美容師公會。

1924

美容師資格認定學校公會 (AAAS) 成立。這是給美容業帶來一個多方全面整合，
以及使美容業能再提升到工藝極緻境界的非營利組織。

1925

指甲油進到了半透明全然玫瑰紅色系的時代，而且是僅只用在指甲中心的大面積塗佈，
而讓新月鉤面及指甲角質根部邊緣留白。
這就是二〇年代中期到三〇年代，當代米高梅指甲彩繪大師，比艾翠絲‧凱 (Beatrice Kaye, manicurist at MGM)
的「新月指甲彩繪」。指甲表層角質被修掉，再修平，上指甲油，新月鉤則留白。
但當時一些保守教科書卻對愛美女性明示警訊，乖女孩不要在指甲上塗抹這種過分絢麗耀眼的色彩。

1927

蜜絲佛陀開發的「社交的指甲染料」產品 (Society Nail Tint of Max Factor)問市。
是用一個小瓷皿裡面來盛裝著玫瑰紅的乳劑。
它用來塗抹指甲然後拋光，使得指甲的玫瑰紅呈現更亮彩自然不過。
接著「社交的指甲亮白」(Society Nail White)問市，它是液體包裝在如白色粉筆條管內，用來塗抹在指甲頂層，
之後自然晾乾；這其實和當代的法式修指彩繪 (French Manicure) 雷同。蜜絲佛陀也提供保護指甲面霜和去光水的產品。

不分年代的法式指甲經典設計，千變萬化至今，除了設計上表現的色彩更豐富多元之外，
完美的比例美感，依然風靡時尚深受喜愛。

1929

香精指甲油問市，但它的流行普及非常的短，就消失在市場中。

1948

密蘇里州的諾林‧雷歐(Noreen Reho)發明了一種修剪指甲的裝置，
這個裝置不僅包含了修指所使用的各種工具，也讓這些工具能發揮更大的功能。

工欲善其事必先利其器不分界的概念，經歷時光推移，
巧妙融合著人體工學、力學與美學的設計意象，
將整工具呈現出無與倫比的造型美感並兼具使用上的修剪便利。

in China

古埃及人，使用指甲花將指甲染成金色，整體裝飾搭配的概念早已成形！在中國，遠在唐宋時期的女性，使用鳳仙花來浸染指甲，顯示其身分的尊貴，也是整體造型中傳遞顯要地位的一個表徵。這張經典傳世的照片，雖然已有些乏黃，但仍能從清朝慈禧太后雍容高貴的精緻造型中，以極其講究的服飾質料與繡工色彩圖案，搭配雙手上金屬假指甲套，堪稱經典！仔細端看，其一手有三指，另一手有一指，在指套的前端留有小圓珠洞，可以勾掛其他裝飾性吊飾，增加行移時的韻律美感，假指甲的色澤更與服裝的相得益彰更顯高雅尊貴！這樣完整細緻的搭配，將整體造型概念傳達的淋漓盡致，值得華人引以為傲。

1950

更多色彩繽紛的指甲油登場，這時女性的指甲風貌變得更為精緻，
在形狀和顏色上也從先前流行的尖銳和深沈，轉變為橢圓和清淡。
這個時期的化妝強調眼部的風采，或許因為如此，女性對指甲和嘴唇的著墨比較少。
50年代時，來自賓州費城，在美容業已有37年資歷的諾拉‧吉恩(Norma Keown)
在一所州立學校講述她的指甲保養課程，
她表示：「他們教導我們基本的指甲修剪方法，還有在塗指甲油時，必須讓新月鉤痕和
極細的前緣留白。一開始，指甲的前緣也要塗上指甲油，接著我們可以用大拇指刮除前
緣部分的指甲油，形成極細的線條。霜華濃有一套學徒用的工具，裡面有一些基本的材
料和工具可以用來裝飾指甲。這個時期，指甲修飾師大部分都是在理髮院工作，而不是
在美容沙龍，所以幫妳修指甲的人是美髮師。」
比艾翠絲‧凱表示，茱麗葉‧瑪格倫(Juliette Marglen)在銷售一種指甲包覆材料，
這種材料與紙張包覆的紙板火柴很相似。
所謂的「茱麗葉式指甲彩繪」就是指只有指甲前端三分之一被覆蓋的指甲彩繪樣式。

1957

湯姆‧史賴克(Thomas Slack)獲得一種「指甲用平台」的專利，這個平台是以金屬薄片
製成，可以套在指甲邊緣，幫助指甲修剪進行自然指甲的延長，而加在指甲上的第一
層壓克力彩繪指甲被稱為「派蒂式彩繪指甲」。「派蒂式彩繪指甲」是史賴克家族在50
年代製造的產品，以派翠莎‧史提爾(Patricia Still)來命名，她除了進一步發展這項
技術外，也在各百貨公司示範這項技術。

1970

人造指甲的時代來臨！壓克力彩繪指甲的外觀和觸感跟真指甲沒有兩樣，但卻堅固許多。
這時候，方形的指甲逐漸流行開來，而美容沙龍終於成為訂做指甲的地方。
到了1978年，非常修長的指甲開始流行，但人造彩繪指甲主要仍是名媛貴婦的裝扮。
當時市面上已出現覆蓋整個指甲床的人造指甲，包括「眸魅指甲」(Eye-Lure Nails) 品牌的產品，
這些指甲被嵌入翻起的表面角質層下面，所以看起來就好像是從手指長出來的一樣。
這種人造指甲可以用膠水固定，但無法持久，所以只能為特殊場合佩帶，
因為只要接觸到水，膠水就會溶解。
當時在美國，只有少數女性才能享受人造彩繪延長指甲的樂趣，大部分女性大概連想都沒想過。

1972

美國西岸的人們在70年代早期對壓克力彩繪指甲早已熟悉，
但它對中西部的人來說卻仍然是新鮮的玩意兒。
根據前學生喬 里溫史東 (Jo Livingston) 的說法，
菲莉絲 莫妮爾 (Phyllis Monier) 將她的奈吉 (Nike) 壓克力粉末和液體系列產品引進芝加哥，
這些產品是從齒科用的壓克力產品改良而來，
相較於當今的壓克力彩繪指甲產品，她的產品氣味難聞而且很難處理，
不過菲莉絲 莫妮爾吸引了許多中西部的學生來參加她的課程，她的一堂課只限10位學生。

初期的壓克力彩繪指甲延續至今，已成為深受全球女性喜愛的水晶指甲 [Nail Extension]，
其晶瑩剔透的獨特美感，不但讓手指有視覺延伸的纖長效果，亦讓雙手增添了更多的嫵媚語言。

1973

IBD開發出第一個專門用於指甲的膠黏劑。

1974

海倫 古爾蕾 (Helen Gourley) 在加州使用從一家牙齒用品公司買來的「派蒂式彩繪甲」：
40美元就可以買到一整年份的用量。起初她並不承認自己的指甲是人造的假指甲，
但是在她終於承認後，商機引爆，每位女性都想要購買這種指甲。

在1974年和1975年間，美國食品及藥物管理局 (FDA) 查獲某些彩繪指甲產品
含有甲基和甲基丙烯酸酯成份MMA（有害的化學藥劑），該管理局除了要求回收這些產品外，
也命令製造廠商使用較溫和的成份來製造壓克力彩繪指甲產品。

O.P.I. 追求完美的認真態度，堅持捍衛消費者健康美麗的永續承諾，數十年如一日般恆久堅定，
George Schaeffer，憑藉過往深厚牙醫醫學研發生產技術基礎，以及對商品高標準的嚴峻要求，
專研新技術，研發出NO MMA的新科技產品，領導全球消費者遠離MMA的傷害！

in China

大約在唐代以前至唐宋時代的中國女性，就已經出現染指
甲的風氣，所用的材料是鳳仙花！色澤鮮艷具較耐腐蝕性
的鳳仙花花開之後，擇其花、葉放在小缽，將其搗碎後加
少量明礬，便可用來浸染指甲，經過連續浸染三到五次
之後，色澤可神奇的連數月都不會消失，堪稱美麗的絕佳
創舉。中國古代官員，甚運用裝飾性的金屬假指甲，增加
指甲長度，顯示尊榮富貴的地位，其中尤以金色，更顯尊
貴，非凡夫可以擁有。

1975

歐莉國際公司 (Orly International) 成立，提供歐莉指甲油 (Orly Nail Paint)、
羅密歐液態纖維包覆材料 (Romeo liquid fibre wrap)
以及羅吉菲樂打底護甲油 (Ridgefiller primer base coat) 等產品。

ORLY創新的國際專利瓶蓋設計，具有防滑功能更因使用上的便利而量身設計，
兼具功能與造型上的整體美感。

1976

方形指甲蔚為風尚，這大概是指甲彩繪競賽造成的結果，
因為裁判比較容易對方形指甲評論C曲線，而非橢圓形指甲。
此時，人們對超長指甲的接受程度愈來愈高，而且指甲片的使用愈來愈普遍，
這對於不太會處理形狀的彩繪指甲師來說是個減輕負擔的方法。

1977

比艾翠絲 凱製造了「浸10」(Soak 10) 產品和一種浸手碗，
這是她的米高梅工作室10項天然指甲彩繪保養產品當中的第一批產品。

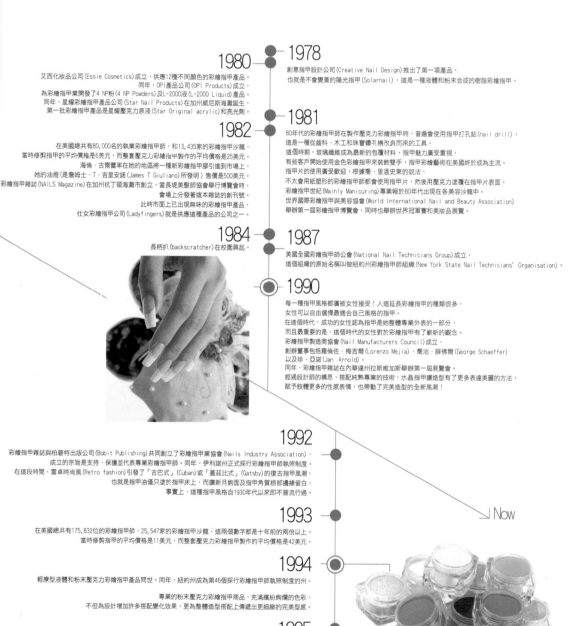

1980
艾西化妝品公司(Essie Cosmetics)成立，供應12種不同顏色的彩繪指甲產品。
同年，OPI產品公司(OPI Products)成立，
為彩繪指甲業開發了4 NP粉(4 NP Powders)及L-2000液(L-2000 Liquid)產品。
同年，星耀彩繪指甲產品公司(Star Nail Products)在加州威尼斯海灘誕生，
第一批彩繪指甲產品是星耀壓克力原液(Star Original acrylic)和亮光劑。

1978
創意指甲設計公司(Creative Nail Design)推出了第一項產品，
也就是不會變黃的陽光指甲(Solarnail)，這是一種液體和粉末合成的樹脂彩繪指甲。

1982
在美國總共有80,000名的執業彩繪指甲師，和13,435家的彩繪指甲沙龍，
當時修剪指甲的平均價格是6美元，而整套壓克力彩繪指甲製作的平均價格是25美元。
海倫，古爾薔率在她的地區將一種新彩繪指甲膠引進到市場裡，
她的油煙(是詹姆士．T．吉里安諾(James T Giuliano)所發明)售價是500美元。
彩繪指甲雜誌(NAILS Magazine)在加州杭丁頓海灘創立，當長堤美髮師協會舉行博覽會時，
會場上分發著這本雜誌的創刊號。
此時市面上已出現無味的彩繪指甲產品，
仕女彩繪指甲公司(Ladyfingers)就是供應這種產品的公司之一。

1981
80年代的彩繪指甲師在製作壓克力彩繪指甲時，普遍會使用指甲打孔鑽(nail drill)，
這是一種從齒科、木工和珠寶鑲刻機改良而來的工具。
這個時期，玻璃纖維成為最新的包覆材料，指甲魅力廣受重視，
有些客戶開始使用金色彩繪指甲來裝飾雙手，指甲彩繪藝術在美國終於成為主流。
指甲片的使用廣受歡迎，根據喬，里溫史更的說法，
不太會用紙型形的彩繪指甲師都會使用指甲片，然後用壓克力塗覆在指甲片表面。
彩繪指甲世紀(Mainly Manicuring)專業報於80年代出現在各美容沙龍中。
世界國際彩繪指甲與美容協會(World International Nail and Beauty Association)
舉辦第一屆彩繪指甲博覽會，同時也舉辦世界冠軍賽和美妝品展覽。

1984
長柄扒(backscratcher)在校園興起。

1987
美國全國彩繪指甲師公會(National Nail Technicians Group)成立，
這個組織的原始名稱叫做紐約州彩繪指甲師組織(New York State Nail Technicians' Organisation)。

1990
每一種指甲風格都廣被女性接受！人造延長彩繪指甲的種類很多，
女性可以自由選擇最適合自己風格的指甲。
在這個時代，成功的女性認為指甲是她整體專業外表的一部分，
而且最重要的是，這個時代的女性對於彩繪指甲有了最新的觀念。
彩繪指甲製造商協會(Nail Manufacturers Council)成立，
創辦董事包括羅倫佐，梅吉爾(Lorenzo Mejia)、喬治，薛佛爾(George Schaeffer)
以及珍．亞諾(Jan Arnold)。
同年，彩繪指甲雜誌在內華達州拉斯維加斯舉辦第一屆展覽會。
經過設計師的構思，搭配純熟專業的技術，水晶指甲讓造型有了更多表達美麗的方法，
賦予肢體更多的性感表情，也帶動了完美造型的全新風潮！

1992
彩繪指甲雜誌與柏碧特出版公司(Bobit Publishing)共同創立了彩繪指甲業協會(Nails Industry Association)，
成立的宗旨是支持、保護並代表專業彩繪指甲師。同年，伊利諾州正式施行彩繪指甲師執照制度。
在這段時間，雷卓時尚風(Retro fashion)引發了「古巴式」(Cuban)或「蓋茲比式」(Gatsby)的復古指甲風潮，
也就是指甲油僅只塗於指甲床上，而讓新月鉤面及指甲角質根部邊緣留白，
事實上，這種指甲風格自1930年代以來即不曾流行過。

Now

1993
在美國總共有175,832位的彩繪指甲師，25,547家的彩繪指甲沙龍，這兩個數字都是十年前的兩倍以上。
當時修剪指甲的平均價格是11美元，而整套壓克力彩繪指甲製作的平均價格是42美元。

1994
輕療型液劑和粉末壓克力彩繪指甲產品問世。同年，紐約州成為第46個採行彩繪指甲師執照制度的州。

專業的粉末壓克力彩繪指甲商品，充滿繽紛絢爛的色彩，
不但為設計增加許多搭配變化效果，更為整體造型搭配上傳遞出更細緻的完美型感。

1995
露華濃公司收購了創意指甲設計公司。

1996
彩繪指甲業協會併購了美國全國彩繪指甲師公會，成為全美國規模最大、以彩繪指甲專業為主的協會。

Article originally published in NAILS Magazine, copyright 2004. Used with permission

古方植物
結合現代科技

香港人氣紅星
鍾嘉欣 Lindo

Bio-essence
TANAKA WHITE

白皙緊緻 雙管齊下

美白精華

緊緻精華

Bio-essence

TANAKA WHITE

WHITE & FIRM DOUBLE
ACTION ESSENCE

美白精華(白色)

- 小分子美白活膚精華，有效抑制酪氨酸酶活性作用。
- 由內而外深層淨白，防護斑點生成。
- 保溼肌膚細緻有光澤。
- 天然草本成份明亮膚色，改善暗沈。

專業緊緻(紅色)

- 豐富生物類黃酮精華，維護肌膚的嫩白與緊緻。
- 促進肌膚更新，減少細紋形成。
- 緊緻鬆弛肌膚，使肌膚回復細滑、緊緻有彈性。

煥白緊緻雙效精華
30ml/NT:660

TANAKA的天然功效

提高肌膚保濕度.鎖住水分
避免肌膚水分流失.使肌膚清涼
舒爽.防止肌膚因乾燥而老化

什麼是TANAKA？

　　Tanaka(又稱Thanakha)，是緬甸婦女2000年以來保持肌膚清涼淨白的古奧祕方，具天然防護功能，有效幫助烈日下工作的緬甸女性防護外界傷害，擦上後還有清清涼涼的感覺，並提升肌膚的保水力，防止肌膚上的水分過度流失，預防肌膚因乾燥而老化。

　　全新的Bio-essence，TANAKA WHITE系列採用現代生物科技，於TANAKA樹皮中提取高淨白保濕因子，可提升淨白功效，特有得天然精華，全面淨白肌膚，彷彿在肌膚表層形成一道天然保護膜，讓肌膚由內而外的潤澤晶透，白皙粉嫩。

TANAKA WHITE 塔娜卡煥白系列

淨白潔淨
煥白明亮淨肌化妝水
120ml　　　　NT:270

含玻尿酸成份
長效淨白、鎖水

淨白呵護
煥白修護晚霜
50ml　　　　NT:540

含熊果素、淡化黑色素
修護、加快肌膚更新

淨白保濕
煥白活膚日霜
50ml　　　　NT:460

日間長效呵護肌膚
提升肌膚活力

深層修護
煥白修護彈力面膜
5片　　　　NT:460

特殊彈力設計、高效吸收
美白、滋潤、保濕、緊緻
一次完成

新加坡商(TW)沃盛有限公司 (02)2700-2826 www.bioessence.com.tw 北市衛妝廣字第97040187號

watsons 全省均售

essie ®

SPA系列

美甲配件

乳液系列

護甲系列

指甲解決方案

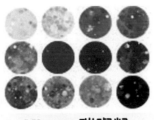

Mirage 璀璨粉

LIGNE CHOCOLATE

essie.

SPA zone®

Can I

L|BELLE

台灣區總代理：莉貝兒國際有限公司　Tel：(02) 2777-3313
公 司 地 址 ：台北市大安區敦化南路2段59號9樓
展 示 間 地 址：台北市大安區敦化南路1段225號B3本號

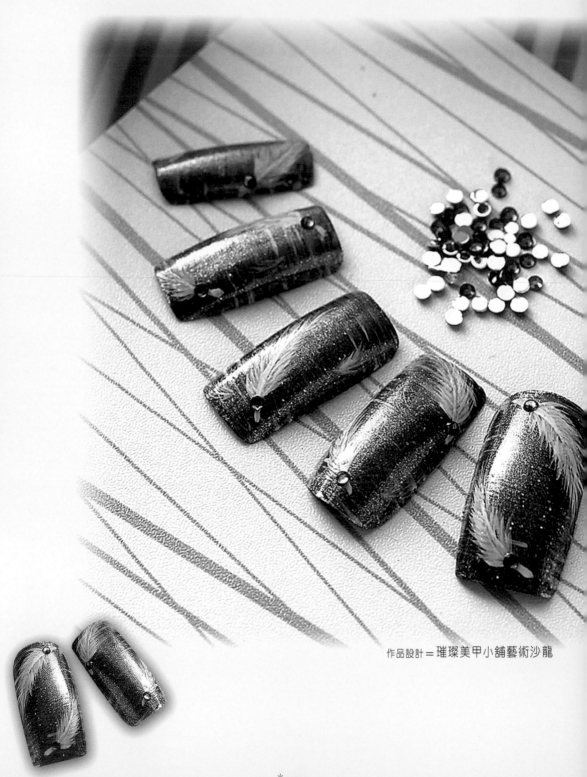

作品設計＝璀璨美甲小舖藝術沙龍

使用期限2009/12月31日

使用期限2009/12月31日

FPO Nail hand body

使用期限2009/12月31日

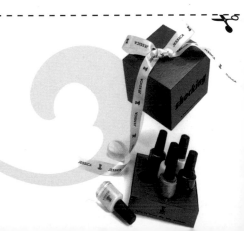

使用期限2009/12月31日

憑此優惠券享有

參加〝莉貝兒國際美甲學苑〞以下課程：

1. 專業水晶指甲課程　　2. 指甲彩繪造型課程

3. 專業粉雕造型課程　　4. 專業光療指甲課程

優惠價 **9**折優惠

莉貝兒國際台灣總代理

聯絡專線：(02)27773313

http://www.libelle.com.tw

憑此優惠券享有

〝Essie足部嫩白深層SPA課程〞優惠價 **1750**元

〝Can I水晶造型指甲〞 **8**折 (此優惠限ZOOM使用)

〝Can I P.M.S光療〞 **8**折 (此優惠限ZOOM使用)

essie®

特約商店：

Zoom 台北市大安區敦化南路一段223巷20弄6號　　預約專線：(02)2741-7777

瑞亞時尚美甲 台北市大安區大安路一段19巷30號1樓　　預約專線：(02)8771-6956

憑本券可享**8**折優惠

凡購買滿 **3000** 元，即送精美小禮物。

地址：台北市南京西路30號3F之2

預約專線：(02) 2552-7088

http://www.faylice.com.tw

憑此優惠券享有

讓肌膚隨時隨地也能享受到森林SPA的快感

憑本券買一送一，優惠價 **990**元

購買網址:www.topnail.com.tw 或電洽詢問各門市 02-25114289

體驗券

Odyssey Nail Systems

使用期限2009/12月31日

體驗券

LOVE NAIL

使用期限2009/12月31日

體驗券

Tresor
THE NAIL SHOP

使用期限2009/12月31日

十分之一美學美甲美型館
10 Beauty Nail Salon

10 BEAUTY

體驗券

十分之一美學美甲美型館．
由OPI國際講師李崴 David Lee親自技術指導，
並教育出許多成功優秀的美甲師；
我們不只專業於指甲的藝術設計，
更專注於創作肢體與指甲的協調美學！
值得您前來體驗！

使用期限2009/12月31日

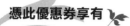

國家圖書館出版品預行編目資料

100%熱戀指繪／余芷晴編著.
第一版──臺北市：字河文化 出版；
紅螞蟻圖書發行, 2009.2
面；　　公分. ──（Lohas；3）
ISBN 978-957-659-701-5（平裝）
1.指甲 2.美容
　425.6　　　　　　　　　　　　　97024928

Lohas 3
100%熱戀指繪

編　　著／余芷晴
美術構成／羅立幃
校　　對／楊安妮、朱慧蒨、余芷晴
發 行 人／賴秀珍
榮譽總監／張錦基
總 編 輯／何南輝
出　　版／字河文化出版有限公司
發　　行／紅螞蟻圖書有限公司
地　　址／台北市內湖區舊宗路二段121巷28號4F
網　　站／www.e-redant.com
郵撥帳號／1604621-1　紅螞蟻圖書有限公司
電　　話／(02)2795-3656（代表號）
傳　　真／(02)2795-4100
登 記 證／局版北市業字第1446號
數位閱聽／www.onlinebook.com
港澳總經銷／和平圖書有限公司
地　　址／香港柴灣嘉業街12號百樂門大廈17F
電　　話／(852)2804-6687
新馬總經銷／諾文文化事業私人有限公司
新加坡／TEL:(65)6462-6141　FAX:(65)6469-4043
馬來西亞／TEL:(603)9179-6333　FAX:(603)9179-6060
法律顧問／許晏賓律師
印 刷 廠／鴻運彩色印刷有限公司
出版日期／2009年2月　第一版第一刷

定價300元　港幣100元